U0141734

裝幀時代

李志銘

目次

序

重溫歷史的美感

梁小良（美術設計家）

李志銘所寫的前一本書《半世紀舊書回味》，將舊書行業細微的面貌報導出來，舊時的文化情愫，似乎是他所鍾愛，這本新書——《裝幀時代》，更是將台灣一九五、六〇年代的封面設計者，重新披露出來，那些曾是名聲赫赫的設計者，他們有著許多不曾曝光的心酸故事，也在書裡一一呈現。

書裡所報導的八位設計家——廖未林、龍思良、黃華成、高山嵐、楊英風、梁雲坡、朱嘯秋、陳其茂等人，他們嚴格說來都不是專門以設計封面為主要職業，每個人都有其他專任職業工作；像龍思良為台灣電視公司美術指導，高山嵐任職「美國新聞處」美術設計，廖未林任職廣告公司……每個人的工作範圍不同，卻也參與了不少封面設計工作，也為當時留下了可觀的「面貌」。

書裡詳細描述了每一位設計者的工作歷程，在那一九五、六〇年代的台灣歲月，每個人繪製了不同的封面美感，令那個時代留存了無數精彩。在這個電腦化的時代裡，他們所設計的封面作品裡，不乏有許多是今日看來，依然令人驚豔的作品。

很可惜的是，書裡報導的八位設計者，有五位已經不在；目前還有廖未林、龍思良和高山嵐三人。近些年已少見他們的封面設計作品，只有高山嵐在《皇冠》雜誌時有出現，但也只是繪畫作品刊登，並不算是他的封面設計作品。旅居美國的高山嵐近些年以純繪畫為主，廖未林和龍思良也是一樣。

或許有些封面設計，在今日的眼光看來，似乎有些落伍：粗糙的紙張、簡單的套版印刷，而不是全面的彩色印刷；不像今日科技之進步，除了標準的四色印刷，有加上了各種凹凸版特殊印刷，以及各種螢光或是立體雷射的印刷，花招百出精彩萬分。他們的設計如同從手工業進化至電腦業，那時的封面製作，幾乎大部分都是手工，包含書名標題描寫、畫面繪圖等，除了後期還運用了攝影之外，無一不是手工製作。然而當年以如此簡略落後的印刷方式，依然有些封面設計在藝術表達上，前衛而不落伍。

我知道李志銘花了無數時間經歷尋找資料，利用工作之餘陸陸續續地撰寫近三年，才完成這本書，而這一本書，也幫我們大家再度重溫那個時代書的美感。

序

書裝幀：閱讀美學的一種延伸

吳雅慧（「舊香居」店主）

初識志銘在二〇〇三年，他為研究台灣舊書業的碩論來店進行訪談，他一開口就令我吃驚，他說：「我從興隆店過來，和妳媽媽聊了將近一小時，但她說關於書店的事還是要來問妳和妳爸爸。」居然能讓我那不多話的媽媽大談特聊那麼久，想必不尋常。或許就在這個基礎上，以及他對舊書業旺盛的好奇心，話匣子一開就滔滔不絕，初次見面就相談甚歡，很快就熟識起來。他也因為碩論，一頭栽進舊書的世界，開始踏遍台北市大大小小舊書店，變成不在舊書店就在往舊書店路上的書人。日後多次的訪談和資料搜尋，他也就成為舊香居的常客。

除了一步一腳印的勤奮訪談做功課，幾次接觸後，發現志銘理性細密的觀察力，為這繁雜的台灣舊書業理出較明朗清爽的譜系。猶記初見到他將舊書店的經營型態分成古董、懷舊、大眾、草根等類型時，這樣的創意讓我對他的碩論充滿期待！他對自已論文的認真和重視更令我有熱血的衝動，讓我們在資料蒐集上無條件地支持他。果然他的用心也為他帶來好運，《半世紀舊書回味》得到向來以出版專業學術為主的群學出版社青睞，集結成書；以碩論為主，加上眾人建議增列的台灣半世紀以來漂亮且具代表的書影和評介，豐富該書的內容與視覺。

書中〈藝術與設計的對話─戰後台灣書物裝幀變遷〉一文，論及從西川滿、立石鐵臣到方向、陳其茂、朱嘯秋、楊英風、龍思良等書籍裝幀前輩的作品，這或許也就埋下日後他毅然決然從「台灣舊書業發展史」跳進「台灣書籍裝幀史」的龐大寫作目標中。我事後常回想，恐怕不只是出於我的慫恿，志銘就樂於附和，肯向高難度挑戰；因為溫和平實外表下的志銘，其文字充滿批判精神和革命狂氣，而勇於嘗試的態度和勇往直前的執著信念，都讓他創作的過程充滿拚勁和決心。

隨著《半世紀舊書回味》獲得二〇〇五年《中國時報》「開卷」十大好書的肯定，這對他是很大的鼓勵，也讓他認真思考是否要嘗試以寫作為志業？若是，那下本要寫什麼？在思索尋找的過程，我們聊起大陸近年很熱衷出版民國以來的書影、書話，如姜德明的《書衣百影》、《唐弢藏書》、《黃裳書話》等談裝幀、談版本的書籍，琳瑯滿目；反觀似乎沒有一本書是完整介紹台灣從日據時期至一九六、七〇年代的書籍裝幀——這一定會是個有趣又值得挑戰的題目，但同樣也是個非常艱難的工程。我打趣對志銘說：「你要不要試試看？我就算有書、有心，也沒有這能力跟時間。」這一席談天，這前所未有的題目，已引起他的興趣。下次再見到志銘時，他已著手找資料、上圖書館，就這樣開始另一條漫長的路；而我這始作俑者，也準備好義無反顧的相挺。

除了大量閱讀做筆記、進出圖書館，我們也開始從書架倉庫，將能用得上的書籍封面，一張一張掃圖、存檔、整理、註記，如此反覆進行。此後，志銘幾乎天天來店，遇見店內常客與藏家，就會問你有沒有某某書？你有沒有看過某某書？每個人對他而言都是一座流動的圖書館。或許是他這股傻勁和認真，大家也都回家翻箱倒櫃，慷慨將自已收藏的書籍找出來共襄盛舉。

我們有時也扮起朋友戲稱的「書封鑑賞家」。開始常有熱心朋友拿著不明裝幀作者的封面來問我們，從出版年代、繪畫風格、署名落款、合作對象（作家、出版社）逐一核對，找出答案。有好一陣子書人朋友們都像中了毒，玩起「猜一猜」（看畫風猜作者）和「追追追」（再版和初版封面是否相同，又有幾種版本？）。大夥兒都樂此不疲，從中欣賞到許多前輩的用心和精彩作品，也意外為舊書市場掀起一個高潮，陸續有新的書人朋友加入玩書行列。而廖未林的「文化圖書」系列、龍思良的「藍星」系列、梁雲坡的「重光文藝」系列、朱嘯秋的「光啟」系列，還有「大業」、「仙人掌」、「水芙蓉」等書系，經由書友部落格文章推廣，這些一九五、六〇年代的台灣文學出版品，成為眾書蟲競相收藏的對象。

志銘也開始撰文探討各種不同主題的裝幀意義。二〇〇七年，舊香居舉辦「三十年代新文學風華」展覽，展出五百多本新文學圖書，志銘嘗試從白話文學的源頭談中國現代裝幀。在親手翻閱中國珍本拍賣市場火紅的新文學版本後，他從書籍裝幀藝術先鋒——魯迅書籍當中，了解到他對封面、裝幀、紙張、印製的考究和執著；魯迅御用的大師陶元慶所裝幀的《墳》、《彷徨》、《朝花夕拾》，都稱得上是裝幀經典。另外陶元慶、豐子愷、聞一多、葉靈鳳、陳之佛、滕固等書刊設計的作品，也都呈現出新文學裝幀風格的多元豐富。經過這次洗禮，志銘對於新文學版本源流又有更深入的了解，對其發展脈絡又更親近了。

同年羅喬偉策劃「復古次文化的逆襲」展覽，我邀請志銘就黃華成「設計攝影」風格裝幀，發表〈微物空間的物件史詩〉一文。無庸置疑，黃華成是台灣前衛藝術運動的先鋒，在他眾多「遠景」、「遠行」叢書封面設計中，巧妙利用日常物件創造出獨樹一格的「設計攝影」裝幀手法。他所創造的每一個異想世界，經由書、經由志銘對那反叛年代的回顧和大膽的發聲，讓創辦台灣最屌雜誌《劇場》的黃華成，能為更多年輕朋友認識。爾後幾次和黃華成的好伙伴、攝影家莊靈先生碰面時，他都用懷念感謝的語氣說：「真開心，大家沒忘了他，真應幫他辦個展覽！」

二〇〇八年，《文訊》雜誌企劃「一窗雋永的風景：早期文學書封面設計」的專輯，志銘大膽以〈斷層與暗流—台灣手繪年代的書封面小誌〉一文，廣談台灣的時代意念，從日據時代到一九三〇年代、國府遷台、一九五〇年代本土風格的興起、古典現代的並容等，從時間的縱軸上溯，尋找台灣書封藝術的定位。志銘在這上探中國新文學，下達台灣文學的時間長廊遊走，個別鑽研，再加以融會貫通，如此積沙成塔的累積，才能將各個時代琳瑯滿目的書籍，藉由文字還原當時的氛圍，點出當時的創作概念，或者賦予它新的意念。如波特萊爾（Charles Baudelaire）所言：「材料看起來越是確實與充實，從事想像力的工作也就越是細微與艱難。」對於志銘來說，唯有透過書物和時代相互間的比照與還原，才能重新為這些作品發聲。

在這段漫長的寫作旅程中，最大的意外和幸運，應該是和廖未林先生會面訪談（志銘應不會反對吧！）。自從得知高齡的廖未林先生甫從美國返台定居，就讓人興奮不已，我們都很希望有機會拜訪他。這位台灣書籍裝幀史上極為重要的設計家，也是讓許多文學作品增色不少的化妝師，一個一直只能從書頁上認識的名字，竟能在近距離聽他憶往事、話今昔，真是不可思議。這要非常感謝文發的熱心聯繫與積極安排。

記得二〇〇八年的端午節，我難得早起和文發、志銘去拜訪廖未林先生，他神采奕奕、精神抖擻地迎接我們，親切的問好，爽朗的笑聲，一點都感覺不出他已有八十六歲了！老先生不一會兒就聊開了，我們拿出蒐集整理多時的書籍封面照片，翻閱著一張張照片，他開心笑著說：「哇，這麼多！我都不記得了，怎麼收到的呀？」然後這位一九五〇至七〇年代具代表性的書籍裝幀師，娓娓談述他的作品，如：郭良蕙《心鎖》、張秀亞《七孔笛》、王藍《藍與黑》等。他印象最深刻的是紅藍出版社的王藍《藍與黑》，當時他決定用簡單色塊去表達（如書名一樣簡潔），但在字體的部分，巧妙應用日文漢字「与」代替「與」，而「藍」、「黑」二字都是筆劃較多、較方正的形式；他運用微妙的空間處理，表現出畫面的力量和平衡。他也謙虛笑說：「這是我很滿意的作品，即使現在看來，也覺得過得去。」經過這次面對面的訪談，志銘內功加了三成。人常說創作是孤單的，但之於他，除了親朋好友與路人甲乙等幫忙外，連老天爺都很幫忙！

歷經四年，這本總結台灣書籍裝幀史的專書終於要出版了！從一開始的大膽跨步，歷經摸索、建構自已的理論、確立創作的核心目標，就一直勇往直前。我相信這漫長的旅程，志銘也曾面對低潮和苦悶，但時間所激盪出的寬度和能量，都為這旅程留下完美的註解。這本書的完成，不僅是對舊書創意上的巡禮、書籍裝幀歷程的回顧，更是閱讀文化美學的一種延伸。

志銘對我這篇序文寄望甚深，但一路寫下來更像是回顧，想呈現這相互鼓勵的過程，想記錄下這份熱情。他以文寫書，我以口說書，我們用相同的熱情、不同的方式各自努力。至今我仍能回想起許多午後，書友們鬧哄哄分享、交流的情景。單純的喜悅、義無反顧的支持、志銘每每淘得好書興奮激昂的表情，或是想出新論述、滔滔不絕的模樣，現在終於要和大家分享了，祝福他！

（截稿前得知，此書是以八位裝幀家為主軸來談台灣書籍裝幀；志銘另外對於台灣書籍裝幀史的專篇論述，我也很期待能儘早問世。）

序

文藝身分的設計

陳智德（香港教育學院中文學系助理教授）

書籍裝幀，是一種設計，其意義不止於美術，更是為書籍設計一種「身分」。「五四」以還，中國圖書形式經歷重大轉折，自線裝版刻脫出，全面改用洋裝。「洋裝」之謂，今已不用，因已普遍、理所當然地毋庸分別標示。中國古籍也有它的裝幀特色，但書衣式樣，不論經史子集，各書大略相同。無論在書肆或私人書室，古書平放架上，其所展露的書根，僅列書名和冊數，式樣依然各書如一。為書籍設計獨特封面，是現代洋裝的工作，中國現代圖書由是封面各異，其間最具特色，或最能標示身分者，莫如現代文學書籍。

中國一九三、四〇年代的文學書籍裝幀，著者如畫家陶元慶、錢君匋，以至不少作家如豐子愷、魯迅、葉靈鳳、邵洵美等亦參與設計以至繪製過書刊封面，當中的發展和意義，早已為人留意，要找這方面的史料論述不難；然而一九五〇年代以後的情況，一般所知卻甚少。

李志銘《裝幀時代》補充這方面的空白，以個別書籍設計者、一位一位的畫家為經，以時代及一家一家的出版社為緯，縷述風格、遷徙、傳承、創造，無異一部裝幀家列傳；但其意義還不止於記錄歷史，李志銘所敘述的廖未林、龍思良、黃華成、高山嵐、楊英風、梁雲坡、朱嘯秋、陳其茂等人，穿越一九五、六〇年代，為台灣文藝設計出一種當代身分。

其實「五四」一代設計者的工作，在較著名的陶元慶、錢君匋以外，如司徒喬、王青士等人，留下的記述不多，文藝的身分和物質歷史依然空白處處。歷史不只是資料，它需要觀點、結構、視野甚至情懷。猶記二〇〇五年，我捧讀李志銘記述台灣舊書業歷史的《半世紀舊書回味》，從書中所論的舊書意涵以至牯嶺街、光華商場及一九八〇年代以後的台灣舊書業史，如見由舊書建構的都市史，讓歷史露出光芒，結構迷人，更為作者情懷所動；我當時就想，香港也應該有這樣的書。

如今再讀李志銘《裝幀時代》的書稿，我同樣想起香港的書籍設計者，以至一九五〇年代以來，台灣、香港兩地的文藝圖書，如何由書籍設計建立若干共同的面相。若談現代的香港文藝書籍裝幀，可由一九四〇年代末的張光宇、新波、余所亞、特偉等「人間畫會」成員談起；至於一九五〇年代的亞洲出版社叢書，如趙滋蕃《半下流社會》、《旋風交響曲》、徐訏《時間的去處》、林適存（南郭）《鴕鳥》等書封面，雖未能考知設計者身分，其風格與同時期的台灣文藝書籍頗多接近。一九六、七〇年代，今日世界出版社的翻譯小說，是少數於版權頁標示封面設計者名字的書種，當中包括李維陵和蔡浩泉。李維陵是畫家也是小說家，著有小說集《荊棘集》；蔡浩泉一九六三年畢業於台灣師範大學美術系，俟後回港從事美術工作，除了為今日世界出版社設計書籍封面，亦為報紙副刊製作插圖，一九八〇年代素葉出版社的「素葉文學叢書」，亦多由他設計封面。

我因喜愛文學及閱讀，中學時代開始收集舊書刊，一九八〇年代香港舊書肆仍多，覓見不少台灣舊版文藝圖書，如晨鐘出版社的「向日葵文叢」、「向日葵新刊」、「晨鐘文叢」，文星書店的「文星叢刊」、大林書店的「大林文庫」、三民書局的「三民文庫」、水牛出版社的「水牛文庫」、志文出版社的「新潮叢書」等等。一九九〇年代初赴台升學，所獲更豐，讀到在港不曾遇見的《劇場》、《歐洲》及《草原》等雜誌，為其內容及設計上的超前理念驚異不已；一九九四年回港後讀到香港一九六、七〇年代的《好望角》、《盤古》和《七〇年代雙週刊》，為當中某些相近的特質苦思而未能解。

一九五〇年代至一九七、八〇年代，台灣、香港的文藝出版相當興盛，且有密切交流，彼此所近除了時代風氣和意識氛圍，兩地的文藝書刊設計也在現代性的表現上共通，在同時代的華人書刊中標示文藝書刊的現代身分，因而個性獨具。並觀台灣、香港的文藝書刊設計，除了封面本身的美化作用和觀賞價值，還有更深層次的文化意涵，有待進一步論說。李志銘《裝幀時代》一書，在台灣文藝書刊一方作出開創性的研究，他的整理和觀察，如在廖未林一章提出廖對「新藝術」風格的承接；論龍思良一章提出他「從『繪畫』轉型至『設計』的實驗」；論黃華成一章提出他把「設計攝影」引入封面設計；高山嵐一章提出他轉化自民間剪影工藝的「剪崁設計」以及脫胎自歐陸新藝術而帶神秘韻味的「柔性藝術」；論朱嘯秋、陳其茂部分提出其對現代木刻語言的繼承轉化，都為文藝書刊設計的現代性提出了重要依據。

龍思良對《文星》、《現代文學》封面字體的設計自覺，正有效地為文藝賦予現代感，即從今日的設計藝術角度觀之，龍思良的字體設計理念依然具有超前性。在黃華成一章，有關他以前衛視覺回應一九六〇年代的蒼白虛無，正如李志銘所述：「一九六五年，《劇場》（季刊）雜誌創刊，黃華成把封面上的標題鉛字任意顛倒排列，似是亟欲擺脫當代陳腐的空間束縛，更以其睥睨之態傲視凡塵。」其不以美術討媚於世人，反而抗衡時俗，以設計回應時代，一九六〇年代文藝的抗世形象，一種新的文化身分，正由此標示並確立出。

身分可以是一種內在認同，也可以是一種向外的投射或外在的設計。現代文藝的文化身分當然建基於文字內容本身，但其發表和出版載體——書本和雜誌的形象也參與身分的建構和想像。現代書刊設計之於文藝，猶如現代時裝設計之於都市男女，其意義未可僅以外觀判之。以上片面所談，難免陷於淺陋，總歸李志銘《裝幀時代》一書，著眼於書籍創造之際的藝術價值，繫於對應時代所迸發的文化光采，它的本源也許還在於李志銘忘情於書籍的心志。清季有葉昌熾撰《藏書紀事詩》謳歌藏書家遺聞軼事，茲謹以本人新撰〈藏書紀事新詩〉一則，獻予此書及書中諸美術家：

無邊的書衣（李志銘《裝幀時代》）

大地木訥，書頁無邊
誰人踽踽獨行越過
防風林外的防風林？
風景就這樣鑄成了，不
你胸中還有更抽象的心影
書被催成而霧雲未散
誰納世界入文藝的衣袖
時代喧嘩，是的
但更怕它寂靜
難得噗通一聲，在書店
泳手們帶我們濕漉漉地走出
沒有噴泉的城市
世界脆弱、易碎教我們深知
輕翻書頁之必要、文藝之必要

二〇一〇年九月十日誌

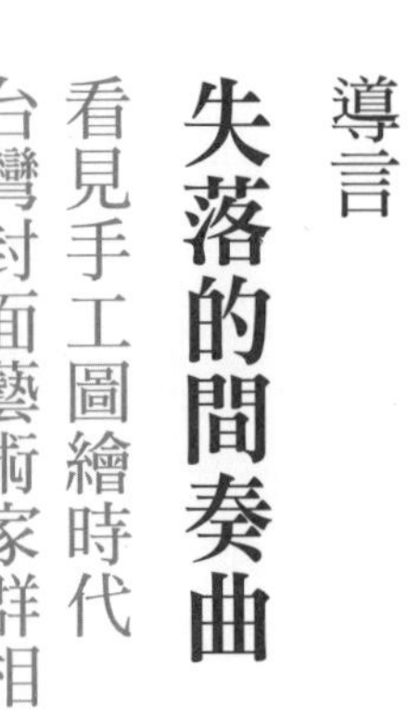

導言

失落的間奏曲

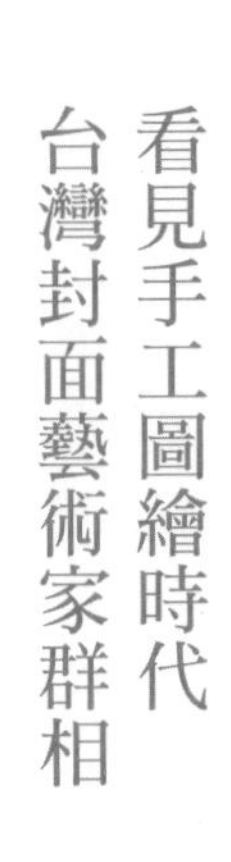

看見手工圖繪時代 台灣封面藝術家群相

李志銘

《臺灣藝術》（第五號）/1940/臺灣藝術社・封面設計/楊三郎

《臺灣藝術》（第七號）/1940/臺灣藝術社・封面設計/李石樵

《三臺遊賞錄》/味橄（錢歌川）著/1953/大眾書局
封面設計/郭柏川

《臺灣工藝》/顏水龍著/1952/光華印書館
封面設計/顏水龍

《瑞穗》（第十一號）/1941/嘉義農林學校校友會
封面設計/陳澄波

自覺無法抗拒外貌魅惑者如我，不光喜好欣賞漂亮的人物，同時也愛蒐藏把玩那些漂亮的書。佛家認為人生須戒貪、嗔、痴，凡愛書之人，大抵每一項都難以規戒。

寄寓在所有書痴書迷的靈魂內，或多或少都感染了一種「封面美感主義」症候群。

在這書籍裝幀日益講究的年代，一本內外質感俱佳的漂亮書籍，除了得歸功於先進的造紙印刷技術及設計專業配合外，某種程度甚且與讀者的美感經驗攸戚相關。

站在藝術史教育的通識認知上，我們是否覺得一幅米勒（Jean-François Millet）的曠世名畫要比一張封面設計來得重要許多？至少，大多數人會為了看不懂（或沒看過）米勒的畫作（如「拾穗」）而擔心被指責「文化水平」不夠，卻鮮少對於書店裡氾濫庸俗的書籍封面感到任何遺憾或厭惡，亦不會以不識楊三郎、顏水龍、陳澄波、郭柏川等本土畫家為忤。

撫今追昔，回顧中國一九三〇年代魯迅、聞一多、豐子愷、葉靈鳳、巴金、蕭紅等文人出書，不僅只注重文字內容，更關切經由裝幀設計這道程序所呈現的整體書物面貌。

為了達成以美學服務文學的出版理念，不惜耗費時間魚雁往返，透過不斷與印刷工人或設計者溝通，而更為相得益彰。昔日這股愛書習氣影響所至，「毛邊書」、「初版書」於是漸受作家讀者們青睞，遂使「愛書成癖」、「嗜書如狂」幾成了那年頭讀書人的本色。

一九八〇年代改革開放以後，隨著舊書文物拍賣與書話寫作市場崛起，併同大陸以國家資源整合書籍生產工業接軌國際市場的強烈企圖，一股歷史氛圍醞釀而起，促使早期從事裝幀設計者紛紛以「藝術名家」之姿出土亮相。單舉個人作品集為例，一九八一年由上海魯迅紀念館發行《魯迅與書籍裝幀》首開風氣，編者蒐羅魯迅生前所有重要書籍封面設計稿，重新評價文學家魯迅畢生致力於裝幀藝術的美學成就。針對當年曾被歷史洪流所湮沒的眾多設計家，其後不斷有《曹辛之裝幀藝術》（一九八五，嶺南美術出版社）、《安今生裝幀藝術》（一九九〇，遼寧教育出版社）、《章桂征書籍裝幀藝術》（一九九〇，時代文藝出版社）、《邱陵的裝幀藝術》（二〇〇一，三聯書店）等著作問世，至於其他相關設計理論專書以及單篇論文數量之多，可謂族繁不及備載。

值得一提的是，其中《魯迅與書籍裝幀》收錄封面作品並非來自印刷成書本身，而是後人將當年魯迅親手繪製的封面樣稿，視同珍貴墨寶字畫，在畫紙上按圖依樣重新「臨摹」仿製而成。如是，我們理當抱持著用心去理解一幅繪畫名作的認真姿態，同樣來看待一本能讓讀者深感餘韻醉人的書籍裝幀經典。

相較起中國大陸近年來特別珍視裝幀設計家的作品保存、資料彙編以及著書立論等積極作為，恆常以文化創意產業為念的台灣出版界，步伐尚屬落後許多。至今（二〇一〇），我們不但自撰一部體例完備、資料簡明詳實的《台灣出版史》方面付之闕如，尤其面臨重建近代美術設計史斷層、發展本土書籍裝幀美學的扎根理念上，更為瞠乎其後。

美術設計，作為一種涉及高度意識型態與宣傳功能的圖像技術，當權者若能建立一套精密完整的論述體系，便可有效掌握歷史文化的詮釋權。倘以學科領域劃分，台灣早期書籍設計的發展歷程，實可歸結於本土美術史之一門。

早在日治期間，殖民統治者為斬斷台灣的漢文化血緣關係，代之以日式生活價值體系，便積極倡導新式教育，大量引進西方美術與表現形式，並仿效日本體制之官辦美展，由台灣教育會主辦「台灣美術展覽會」（簡稱「台展」）。

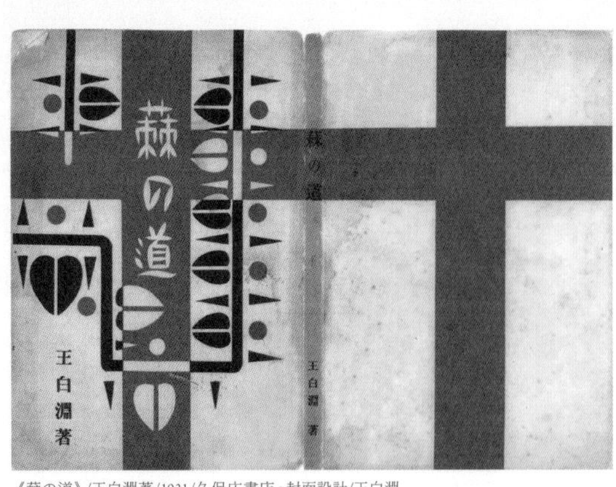

《蕀の道》/王白淵著/1931/久保庄書店・封面設計/王白淵

《千歲檜》/文心著/1958/蘭記書局
封面設計/林玉山

作為台灣美術史與世界潮流接軌的重大里程碑，一九二七年，台灣畫壇三位年輕後起之秀林玉山、陳進、郭雪湖，以「台展三少年」之名同時入選參展，他（她）們一反中國傳統文人繪畫臨摹仿古之風、而代以本土寫生題材嶄露頭角，在台灣藝文界引起莫大震撼。身為台灣第一代本土畫家，「台展三少年」在繪畫技藝方面可謂各擅勝場，但一般評論者與藝術史家所甚少關注者，則是他（她）們同時也曾有過接受委託繪製書刊插畫與封面設計的個人經驗。

封面設計，對於當時的畫家來說，可謂另一種形式的畫布表現。在那設計觀念尚未形成一門專業之前的手工圖繪時代，所謂擔綱美術設計者皆為專業畫家，包括了楊三郎、李石樵、陳澄波、陳春德、王白淵、林之助、金潤作、顏水龍、郭柏川等台灣畫壇前輩。「書籍設計」在日文裡統稱作「裝幀」，其下又細分「表紙」（封面）、「扉頁」、「插畫」等項目，乃為畫家們從事創作之外的餘暇排遣。即便如此，尺幅僅有方寸見寬的此類作品，一筆一繪卻也出自名家之手，雖小道亦有可觀焉。

二十世紀法國著名畫家馬蒂斯（Henri Matisse）曾於一九四六年撰述〈我是怎樣搞書籍裝幀的〉一文，將「書籍設計」與「繪畫創作」兩者作比較。「對我而言，編排一本書和構思

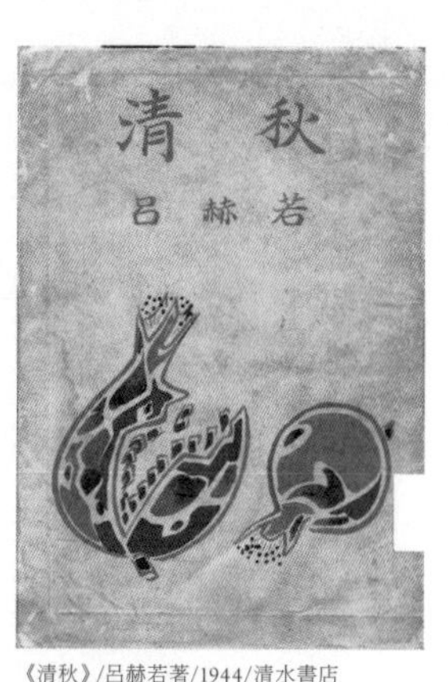

《清秋》/呂赫若著/1944/清水書店
封面設計/林之助

《台灣文學》（創刊號）/1941/台北啟文社
封面設計/李石樵

一張畫並無差別，」馬蒂斯說：「我總是從簡單到複雜，而且隨時準備再回到簡單。」

從日治以降，乃至國府時期，由於社會無可避免的專業分工趨勢，「設計」與「繪畫」分別從「藝術」中逐漸獨立出來。過去從事封面設計的畫家角色也開始產生質變，所謂「美工設計」專業者因應而生。其中最為關鍵的轉型階段，約莫在一九五〇年代初至七〇年代末、這近三十年間。

若以日治時代本土畫家秉持藝術創作意念從事封面繪畫為起始，台灣美術設計發展迄今經歷了兩次重大且關鍵的歷史斷層：一者為一九四九年改朝換代，造成國族文化隔閡的歷史斷裂；另一者則為一九八〇年代之後，因應數位影像工具全面普及，而形成以商業思維取代藝術創作的美工世代斷裂。

本書內容撰述對象，即在此「雙重斷裂」時代之間，活躍於出版市場上的八位台灣前輩設計家，包含了廖未林、龍思良、黃華成、高山嵐、楊英風、梁雲坡、朱嘯秋、陳其茂等人，分篇簡要勾勒其生平梗概及創作理念，並羅列出各自最具代表性的封面設計書影。

《ポツダム科長》/吳濁流著/1948/學友書局
封面設計/金潤作

《台灣文化》（創刊號）/1946/臺灣文化協進會
封面設計/陳春德

《台新旬刊》（二月下旬號）/1945/台灣新報社
封面設計/陳春德

筆者翻覽早年約上千本書籍——版權頁或扉頁已有署名設計者，方知遭迷霧遮掩的戰後初期台灣書籍設計史，其實並非一片貧瘠荒漠，而是呈現為一幅百花齊放眾家爭鳴的繽紛景致，想像中的荒漠原來竟是看不見的綠洲沃土。

由教育背景來看，這八位設計家同樣由美術（藝術）系科班出身，也都擁有畫家身分。但他們截然有別於日治時期畫家之處，除了擁有扎實的繪畫功底以外，同時也兼擅版畫、雕塑等造型技藝（如楊英風、朱嘯秋、陳其茂），亦或能提筆為文、詩畫兼備（如梁雲坡、朱嘯秋），有的甚至還身兼電影導演（如黃華成、高山嵐），足可稱作廣義的藝術通才。承繼了畫家的藝術創作性格，他們的封面設計作品大都帶有鮮明可辨的個人特質。

一九七〇年代以前，台灣本地出版品皆以文藝類書刊為大宗，也造就了一個尚未有大量商業、娛樂書刊存在的純文藝時代。在這些前輩設計家的概念裡，封面設計僅止於文學作品單一類別，構成內容大抵離不開手工繪畫形式。但隨數位影像工具的日漸普及，他們已無由參與一九八〇年代以後各種分眾類型大量競逐的新興時代，卻如是幸運地留存了未遭受現代視覺污染的一絲往日純真。

僅僅不過數十年時間，台灣出版設計產業便已面臨了自身文化傳統急遽失落的窘境。如今因著大量影像資訊易於取得，致使書籍封面充斥著個人風格模糊的過度設計。追索昔日前輩設計家一筆一畫澄澈執著的故紙痕跡，反倒愈讓人興起回歸過去「雕版印刷」或「鉛印版刻」時代的懷舊念頭了。

能夠歷久彌新，就是經典。電影如此，文學如此，封面設計亦如此。

TODAY
笠
8

LAN
KAO SAN LAN
活菌酵母乳
養樂多
Yakult

隱遁於大時代的鋒芒與淡泊

Glories and mundanes immersed in the great Time

The maveric designer LIAU Wei Lin

百變設計家

廖未林

封面裝幀，乃為傳統藝術造型與現代商業設計的綜合產物，早年被歸入「裝飾畫」或「圖案設計」領域，附屬於繪畫創作學門底下。走過二十世紀「五四」以來動盪顛沛的大時代環境，經歷「全盤西化」歐風美雨的思潮衝擊，從事裝幀美術創作的華人藝術家們，總是難以迴避、掙扎於本土「民族性」與西方「現代性」的激流交匯。

當前面臨全球藝術設計思潮層起浪疊的景況，設計者欲建立起屬於自我標誌的鮮明風格固然不易，世人眼中所謂「設計名家」當如是道。然而，若能夠進一步超脫所有類型侷限之上，兼具傳統底蘊與現代思維，悠然出入於各種風格屬性而歷久彌新，無疑則是不世出的天縱奇才了。

一九五、六〇年代在台灣設計界享有盛名的廖未林，便屬這類只宜以「天才」衡度之人。

昔日杭州藝專同儕席德進稱廖未林為「裝飾家」、「設計家」、「插畫家」，學弟王修功則形容他是「藝術雜家」。其作品涵蓋漫畫、年畫、裝飾畫、書刊封面、插圖、宣傳畫、郵票、室內設計、電影佈景，既保有古代民間美術旨趣，又兼具西方現代藝術的原創神髓。

硝煙下的慘綠青春

一九二二年生於湖南岳陽的廖未林，自幼即在父親啟蒙下開始對繪畫產生濃厚興趣。「那時我才五歲，我父親也有些許藝術天份，」廖未林自述：「他會對我的塗塗抹抹表示讚許，而且教我怎樣畫一隻在樹上的鳥或一艘在河裡的船」[1]。

不久後，由於中日戰爭爆發、戰情局勢急轉直下，日軍很快便攻佔了湖南省城，於是廖未林一家人乃趁著「日本鬼子」尚未到來之前趕緊逃走，撇下了大批財物，舉家遷居廣西。在那段時局艱難的貧困日子裡，廖未林和父母、六個兄弟及六個姐妹同住一處擁擠不堪的屋簷下，父親的身體狀況也隨著季節變遷而急遽衰退。

十五歲時，某日放學途中，廖未林偶然在桂林市區內一處繁忙的街角，看著一幅漫畫壁報裝在玻璃框裡；在午後耀眼的陽光下，那漫畫的顏色直欲撲向他跳出來。而在這幅「街頭漫畫」旁還附了一張告示，內容大抵是說：署名龍敏功[2]的畫家正在尋找一名助手，有意者請備一幅自作之畫送交軍方政治部。於是，憑藉著與生俱來的藝術才華與熱情，廖未林順利地錄取成為龍敏功的助手，在這段約五個月的工作期間，他陸續接受許多繪畫稿約，完成了一幅又一幅的漫畫作品。

之後，因父親不幸過世而家道中落，家人為了謀生計，廖未林的兩個哥哥和朋友合夥開了一間雜貨舖，他們安排廖未林在那兒當學徒、從事記帳工作。種種前因後果，深深影響著廖未林在往後的人生歲月裡，每每深感為稻粱謀而戮力驅策畫筆維繫生計之必要。

早在考入杭州藝專以前，時逢抗戰軍興，廖未林即已透過龍敏功的引介而經常投稿漫畫，不僅曾在軍方政治部附屬機構「國防藝術社」擔任了兩年的繪畫員職務，待駕輕就熟後，便又幹起了當時隸屬國民政府軍事委員會政治部、由上海漫畫界救亡協會組織的「抗日漫畫宣傳隊」工作（簡稱「漫宣隊」）。「漫宣隊」於一九三七年九月從上海出發，沿途行經南京、武漢、長沙，一路咸以鮮明的街頭漫畫和街頭劇形式持續進行抗日宣傳。隨著戰事吃緊，長沙失守後，「漫宣隊」輾轉來到桂林，在桂林中學等地舉辦大型抗日漫畫展覽會，以

廖未林（右）與巴金/上海/1981

《標竿月刊》漫畫「廖未林初次會見龍敏功」/廖未林繪/1974

及防空常識宣傳畫流動展覽；這時的廖未林便以最年輕隊員之姿加入行列，還成了抗日街頭劇裡登台亮相的「小童星」，從而在演劇後台初遇作家巴金。

一九四一年，廖未林報考杭州藝專（彼時與「北平藝專」合併為「國立藝專」遷到重慶），名列第二，卻因入學費用無從著落，最後只得放棄而另行謀職。翌年捲土重來再次考上，這時他已在作家巴金主持的「文化生活出版社」[3]重慶分社謀得一份差事，主要工作為佈置櫥窗兼畫封面設計，每週日按時上工賺取伙食與學雜費。

從桂林時期的初次偶遇，到重慶大後方的再度相逢，廖未林兀自感懷地說：**「我那時候讀書……巴金幫了我很多忙，包括學費、食宿啦，讀書的時候買材料都沒錢，尤其學油畫好貴。」**[4]

當時甫自東京歸國的巴金經常蒐集購藏國外書籍（和魯迅一樣），並且從中借鑑某些裝飾圖樣，將之挪用在國內書刊設計上。在廖氏印象裡，他最早賦予明顯設計意念的封面作品，該是文化生活出版社刊行的俄國作家契訶夫（Anton Chekhov）生前最後一部劇作《櫻桃園》：**「我那時候畫的封面不太多，大概不超過五本，」**廖未林說道：**「有時候只是寫幾個字，他那文化生活書店的風格就是這樣，比較樸素，我剛開始給他畫《櫻桃園》才有點紅色，才有點花樣。」**[5]

抗戰勝利之後，廖未林隨著藝專復員回到杭州西湖就讀，在學期間（一九四五～一九四七），每逢暑假必會前往上海拜訪巴金；未久便因國共內戰隔海分治，廖氏赴台前與恩人告別後，直到一九八一年取得美國公民身分、往上海訪友時，方得與巴金再度重逢。

在出版社兼差期間，廖未林偶然結識了早年曾與巴金在上海文化生活出版社共事、日後來台創辦「大業書店」的四川人陳暉；正由於此番因緣際會，遂使大業書店出版的《心鎖》、《七孔笛》……等文學作品封面，大多出自廖氏手筆。

從「電影風格」到「新藝術」
勾畫人物風雲指掌間

廖未林筆下的書籍封面設計，主題極其多樣化，舉凡人物、字體造型、圖騰紋飾、抽象線條等不一而足。其中，尤以人物作品最為特出。杭州藝專西畫科的基礎訓練，讓他從素描、油畫技巧中奠定了良好的寫實功底，加諸自學生時代對於模仿描繪外國電影明星的癡迷興致，遂使「人物畫」品項，成了廖未林畢生難以忘情的最愛。

一九四二到一九四四年間，廖未林一方面在巴金的文化生活出版社工讀，另一方面則盡情徜徉在重慶市區所匯聚來自全國各方美展資源的文化精華，往來於郊區沙坪壩簡陋搭建的草房教室之間，過著窮酸鬼混而悠閒自得的日子。

一九六〇年代，瓊瑤的長篇小說《幾度夕陽紅》嘗以廖未林在重慶的學習生涯為本——後記文中透露：「當時，想刻畫小公務員的生活，同時，想寫出被生活折損的藝術家的那份無可奈何。**這一點小小的念頭就引出了整個《幾度夕陽紅》的構思。**」後來在平鑫濤的穿針引線之下，瓊瑤與廖未林兩人進行了一席訪談。熱忱殷切的廖未林不僅以繪圖表明地理環境，且生動地口述介紹了藝專學生的生活面。透過此番機緣，亦使《皇冠》雜誌日後連載《湮滅的傳奇》、《幾度夕陽紅》、《紫貝殼》等一系列瓊瑤小說時，插畫與出版單行本之封面，咸交付廖未林專責繪製。

當年苦中興樂之餘，面對繪畫這門志業，根據席德進的說法，

《皇冠》（第二六五期）/1966

《心願》/金杏枝著/1964/文化圖書公司

廖未林在學校並沒有死心塌地想學正宗的純藝術，或準備將來當畫家，他的態度比較隨便，以畫著好玩、適合他興趣為原則，所以經常畫些設計性的裝飾畫，偶爾帶點超現實主義的前衛旨趣。每當從市區出版社打工賦歸，廖未林總不忘帶回幾本小說解饞，舉凡《大衛．高柏菲爾》、《冰島漁夫》、《簡愛》、《凱旋門》等，長期閱讀浸淫下，腦海裡盡是小說人物的故事情節。

除了廣泛涉獵小說、詩歌、戲劇等文藝書籍，廖未林也積極參與藝專校內戲劇活動，經常穿梭在表演後台間，不僅因此時常與巴金、老舍等文壇名士寒喧往來，甚至還學會了化妝技巧。如今撫看陳來奇主編《今天》畫刊第九期封面那張掩面半遮、媚眼如絲的女人臉貌，猶可想見當年他勾畫眼底線描的彩妝功力。

不過當時廖未林更熱衷欣賞外國電影，有時一天甚至連趕三場，對於歐美影壇明星如數家珍，簡直就像是一部「活的電影辭典」。一日三餐觀影成癖的他，卻幾乎未買過門票，總是想方設法騙過收票員看「白戲」；某次還帶了老同學席德進抄後門看了一場泰隆．鮑華（Tyrone Power）主演的《碧血黃沙》（*Blood and Sand*）。《碧血黃沙》描述一位西班牙鬥牛士因抵抗不了女人誘惑，而背叛了對他無比忠誠的戀人；主人翁到教堂裡點蠟燭禱告時，便祈求希望能夠脫離誘惑——這場彌留在印象裡的禱告鏡頭，爾後乃成了廖未林設計金杏枝的小說《心願》封面的構圖場景。

TODAY

今天

華民國五十五年十一月出版 1966 NOV. 綜合性的藝術刊物 · 第九期

《今天》(第九期)/1966

據此，包括一九四、五〇年代好萊塢小生泰隆・鮑華，主演《藍天使》（*Der Blaue Engel*）的德籍女影星瑪琳・黛德麗（Marlene Dietrich），擔綱《簡愛》（*Jane Eyre*）男女主角的奧遜・威爾斯（Orson Welles）與瓊・芳登（Joan Fotaine）等明星，在廖末林筆下皆一一化作封面設計裡的人物原型。

透過想像與重組，廖氏封面作品中的男女主角輪廓濃淡有致，從小處來看其實是眾多明星的綜合體，有的是某人的眼睛部分，有的則是鼻子；但若由大處整體觀之，其外在形貌與性格，則皆為廖末林重新創造、賦予生命的全新造型。提及年輕時所傾慕的影壇女星之美，廖末林回憶道：「我看過的女明星都是化過妝的，那些是六〇年代以前的美……瑪琳・黛德麗那時候非常紅，我很喜歡她……那種神秘感，儼然不可侵犯的樣子，我喜歡比較冷豔一點，有點距離才有美感。」[6]

《簡愛》/夏洛蒂・勃朗特著、林維堂譯/1967/文化圖書公司

《春蠶到死絲方盡》/禹其民著/1962/文化圖書公司

除了大量接收來自歐美電影場景與海報畫面的視覺新知外，曾於十九世紀末及二十世紀初風靡歐洲大陸的「新藝術」（art nouveau）思潮，亦隨之奔襲湧入，相互融匯。端看廖未林仿效德國插畫藝術家彼得・貝倫斯（Peter Behrens）知名畫作〈The Kiss〉，所繪製李牧華小說《情意綿綿》的封面：畫中兩人深情互吻，頭髮有如漩渦般交織在一起，形成了盤旋的流動感，充分呈現出「新藝術」運動號召回歸自然、且偏好使用植物形態與蜿蜒交織的抽象曲線來象徵有機生命的裝飾風格。

承襲自「新藝術」脈絡，在廖未林手繪設計張海屏《一山紅葉為誰愁》、金杏枝《一樹梨花壓海棠》、李牧華《麗君與我》、章君穀《西山十怪》等封面作品中，更脫掉了守舊折衷的外衣，以自然花紋與曲線創造出富動感韻律、細膩而優雅的審美情趣。

《情意綿綿》/李牧華著/1969/文化圖書公司

《麗君與我》/李牧華著/1970/文化圖書公司

《一樹梨花壓海棠》/金杏枝著/1966/文化圖書公司

《一山紅葉為誰愁》/張海屏著/1964/文化圖書公司

《西山十怪》/章君穀著/1970/皇冠出版社

《晚霞》/金杏枝著/1969/文化圖書公司

《情切切》/禹其民著/1966/文化圖書公司

《此恨綿綿何時了》/禹其民著/1965/文化圖書公司

戰後台北歲月

縱橫線條方寸裡的現代性

談及裝幀用色，坦承從未修過習專業色彩學理論的廖未林，在台灣近代美術設計史上當可堪稱一絕。藝評家何懷碩嘗以「遣色獨到，配調老辣，達到圓融樸茂、雍容華貴的地步」等語形容之。美術界有句俗話：「紅配綠，狗臭屁」，大意是說紅綠兩色一同出現在畫面者多為劣作，能將大紅大綠同時處理好更屬不易。但廖未林諸多封面作品卻經常可見鮮明的紅綠配比，而絲毫沒有突兀庸俗之感，這便是他不拘泥於色彩教條，而猶能獨創自我的功力所聚。

一九四九年大陸失據，廖未林從上海逃到廈門，再由福州飛到台灣。剛抵台灣時，他兩袖清風、身無謀職創業之資，全憑手上功夫畫點稿子糊口。後來看到報紙刊登台北某家照相館徵求照片著色工作，一去應徵便立即被錄用，也由於這份替黑白照片塗色的工作機緣，讓他體悟到了許多配色訣竅。

自幼即對色彩有著敏銳直覺、晚年自嘲為「好色之徒」的廖未林認為：「在我的感覺裡頭，所有顏色都是好的，沒有所謂難看的顏色……我常常要打破一般這個顏色跟那個顏色不能配在一起的迷思，我就是要去配它，有時候配一個顏色不好，但是再加上另一個顏色就好了。」[7] 古人用色謂「隨類賦彩」，但對廖未林來說卻是「隨心賦彩」，隨著主觀情感變化，可以把同樣一株花朵畫成藍色、紫色、黃色，為所欲為，變幻萬千。

從不使用調色盤與色表工具，單憑想像即可隨心所欲將顏色組構出令人驚豔的視覺效果。廖氏筆下封面設計常見以鮮明對比顏色並置，譬如禹其民小說《遠山含笑》的寶藍配蘋果綠、金杏枝小說《路長情更長》的蔥綠偕深藍配鮮黃、《冷暖人間》的湛藍配桃紅，甚至是鄭重小說集《多色的雲》混搭五彩繽紛的封面構圖等，皆為充分展現直率潑辣兼具明亮飽滿的色彩本質。除了彰顯迥異色調之間的鮮明對照以外，廖未林運用近似顏色的和諧配比，亦為餘韻深長。他的現代裝飾設計作品往往帶著中國古畫的色澤底蘊，同時又具有將各種垂直水平線條、圓矩形狀、冷暖色彩進行週期組合或特殊排列的歐普藝術精神。

《路長情更長》/金杏枝著/1967/文化圖書公司

《遠山含笑》/禹其民著/1966/文化圖書公司

《多色的雲》/鄭重著/1967/文化圖書公司

《冷暖人間》/金杏枝著/1960/文化圖書公司

藍与黑

生平設計各類書刊封面不下上千張，其中讓廖未林最感印象深刻者，莫過於王藍小說《藍與黑》一書。由於書名「藍」、「黑」二字均為筆劃較多的方正形態，因此他巧妙地應用日文漢字「与」代替「與」，在簡單的藍白黑色塊背景襯托下，構成了優美的非對稱平衡。迄今為止，廖未林仍認為《藍與黑》是他生平少數頗感滿意的創意設計之一。對此，晚年他語帶歉疚地吐露：當年王藍還曾特地寄贈《藍與黑》英文版，但這本書的內容卻始終都沒看過。對於廖未林來說，從事封面設計的重點，主要在於捕捉一瞬間由書名本身得來的感覺意象，未必然得以書籍內容情節為本。

一九五〇年代初期，輾轉來台謀生的廖未林與藝專老同學合夥，在台北臨沂街買下了一棟日式宿舍，恰與國畫大家溥心畬比鄰而居。當時因嚮往太平洋熱帶島國生活而早先來台任教嘉義中學的畫家席德進，後來也於一九五二年間辭去教職，北上前往臨沂街與藝專老同學聚首同住。同住臨沂街這段日子裡，身為老大哥的廖未林不僅經常取得案源分予小老弟席德進，並且不吝指導他如何以商業設計稿件來賺錢。

為求先穩定生活，他們早先以繪製郵票圖案、照片著色、海報設計及肖像畫為生。於是乎，《中央日報》每週六「兒童周刊版」四格漫畫「小雀斑」，以及《台灣新生報》刊載有關民間故事典故的漫畫專欄，乃逐漸成了廖未林長期發表畫稿作品的固定園地。

一九五一年，廖未林獲得交通部郵政總局「地方自治紀念」郵票設計甄選第一名，自此開始擔任郵政總局郵票設計工作。直至一九七一年為止，總共繪製了二十餘套各類主題郵票——包括有三七五減租、總統復行視事、保科造林、反共義士、三軍郵票、二十四孝民間故事等內容。此外，廖未林與席德進、林元慎等一干杭州藝專同儕也以古典人物山水為題，陸續替台北「永生工藝社」[8]與「中國陶器公司」[9]進行花瓶陶瓷圖案繪畫，間接成了推動戰後台灣陶瓷藝術設計的先驅者。

《藍與黑》 王藍 著
1958 紅藍出版社

為使「藍」、「黑」二字構成視覺平衡，廖未林乃將中間的「與」字特別予以簡化縮小。

作為當年宣揚反共愛國青年樣板的暢銷小說，《藍與黑》敘事背景由對日抗戰一路演繹至國府遷台，以亂世兒女的烽火戀情訴說著大時代動盪的無奈與哀愁。王藍在經濟拮据的困頓環境下，寄寓於永和竹林路的簡陋窩居，沒有書桌，在太太的縫紉機上寫成此部長篇史詩。不惟小說篇章滿懷振奮人心的愛國情操，就連背後振筆疾書的寫作過程，也都充滿了精神信念的理想主義色彩。

《小木屋》/孟瑤著/1960/作品出版社

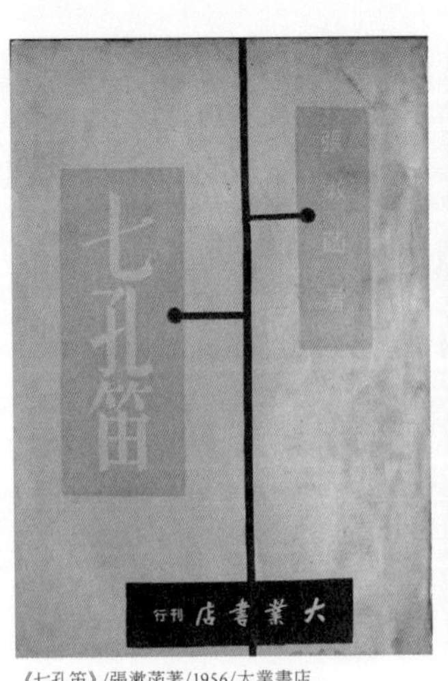

《七孔笛》/張漱菡著/1956/大業書店

《十年詩選》/上官予編輯/1960/明華書局

一九五、六〇年代之交，正逢「五月畫會」旗手劉國松高舉現代藝術革命旗幟，接連掀起一陣論戰狂潮；新舊兩派交鋒如火如荼之際，當時從未參加任何官辦畫展與畫會組織、甚至不願秉承「畫家」名銜——純為生活樂趣而畫的廖未林，卻只在一旁默默縱情於封面設計與裝飾美術的紙上方寸天地間。我尤其喜愛那《十年詩選》封面看似樸拙粗獷，卻流洩出某種渾然天成的直率感，如米羅畫作表達洞悉人情世故之後的童稚純真，這僅能在極少數體悟了「反璞歸真」的大藝術家身上一見。

看待所謂藝術與商業之間的差異，廖未林兀自淡淡地說：「我只是賣稿子，我從來沒去計較我的名字是不是有印在上面，畫了就一手交錢，一手交貨，就完了，簡簡單單……」[10]

無論以創作題材之廣，亦或秉持學院繪畫功底之深，廖未林皆可謂戰後初期台灣美術設計者的第一把交椅。僅僅在「書刊封面設計」單一領域裡，堪稱台灣一九五、六〇年代「首席設計家」的他，即已締造出眾多歷久不朽、風格迴異的經典封面作品。比方張漱菡小說《七孔笛》（大業版）以及郭良蕙小說《心鎖》的封面設計，他以單純幾何線條與塊面構成的主題造型，除了予人感受簡潔明瞭之外，同時還帶有西方現代抽象藝術的純真旨趣；而類似手筆運用在孟瑤小說《小木屋》與朱介凡小說《擺江》、王集叢劇本《回春曲》上，則進一步將中國古代風俗畫卷元素融入其間，看來亦中亦西、既傳統又現代。

《擺江》朱介凡著
1961 新興書局

《回春曲》王集叢著
1959 帕米爾書店

將原有水平垂直分割線條更換比例、位置，陰刻反白書名在不同方向與顏色深淺的長方形區塊襯托下，不僅融入了簡潔鮮明的現代感，另於色塊邊緣加入幾筆即興勾勒的山水小圖，更讓整個畫面看起來像是從現代抽象畫裡走出來的一幅古代風俗畫卷。

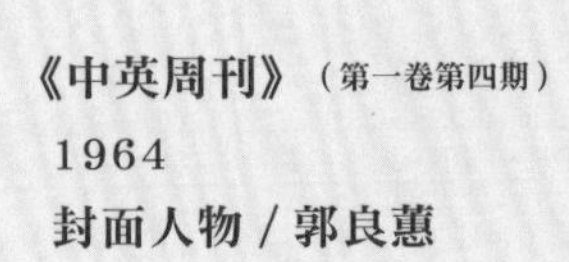
《中英周刊》（第一卷第四期）
1964
封面人物 / 郭良蕙

《心鎖》郭良蕙著
1962 大業書店

1950年代曾以「最美麗女作家」之姿崛起台灣文壇的郭良蕙，於1962年首度發表長篇小說《心鎖》後，由於部分情節涉及內心情慾的細膩描繪，而被污名化為「色情小說」；旋遭社會保守勢力的圍剿和壓抑，不久便被歸入禁書之列，直到1988年才由省新聞處解除禁令。

當年女作家的美貌，似乎也成了衛道者攻訐的對象，回首昔日這場風波，郭良蕙只淡淡地說：「當初也不過就是兩三個女作家看我不順眼，發動了一場文化小革命。」

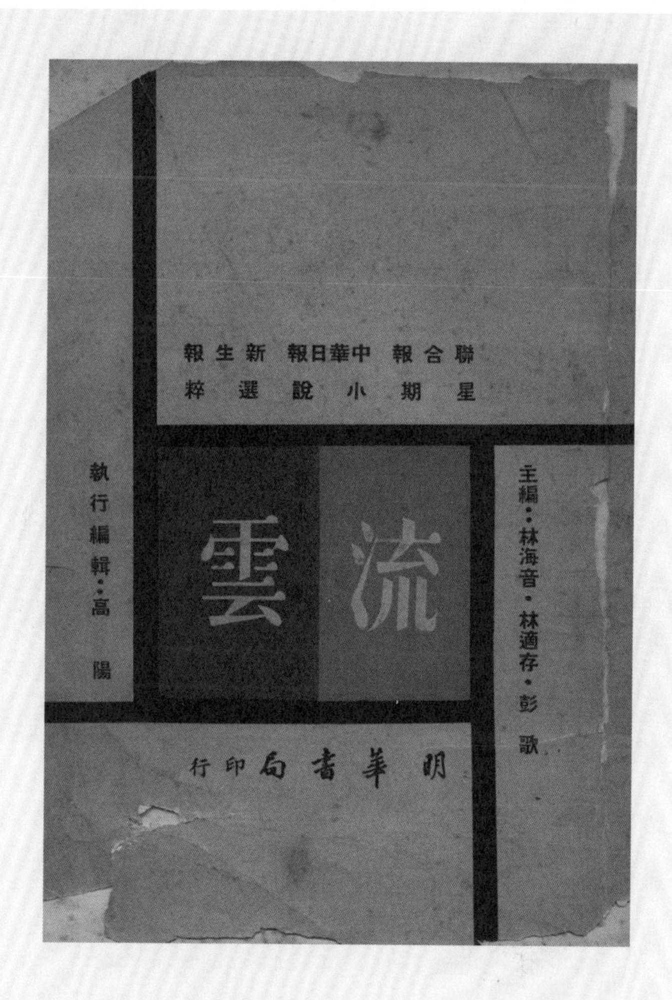

《流雲》
1960 明華書局

1960年，由三大報（聯合報、中華日報、新生報）副刊主筆林海音、林適存、彭歌合編短篇小說輯《流雲》一書，書名「流雲」二字各用不同深淺的紅色塊面，置於畫面正中作反白對比，運用粗黑水平垂直線條切割為矩形區塊的構圖手法，兀似承自歐洲「風格派」遺絮，但在切割比例與位置的變化上，又彷彿另闢蹊徑自創一格。歐陸藝術界既有的抽象原型（prototype）到了廖未林手中，憑藉其深厚的美術涵養與繪畫功力，非但充分消化傳統美學的文化遺產，並且不斷進行水平垂直矩形色塊的造型實驗，終於淬鍊成早期台灣出版界的設計典範，創造出超越時代侷限的永恆美感。

《含淚的微笑》/許達然著
1962/野風出版社

《懸崖的悲劇》/郭嗣汾著
1959/大業書店

《冷暖人間》/金杏枝著
1960/文化圖書公司

《沸點》/金杏枝著
1966/文化圖書公司

《受想行識》/卜少夫著
1973/香港新聞天地社

《空手天涯》/卜少夫著
1972/香港新聞天地社

《相逢疑似夢》/禹其民著
1965/文化圖書公司

《泡沫》/于吉著/1962/大業書店

另以設計金杏枝小說《沸點》與《冷暖人間》來說，不同矩形色塊切割排列，形成了鮮明的溫度層次與視覺對比；而在郭嗣汾小說《懸崖的悲劇》封面，以簡潔有力的V字造型比喻為山谷，從上至下幾乎要把整個開裂墜落的莫名情緒襯托到了極致，這些作品特別予人感受到一股雍然大氣且餘韻深長。至於尹雪曼小說《苦酒》、許達然小說《含淚的微笑》等設計，廖未林更巧妙地利用漢字本身的造型象徵融入整體構圖當中，那恰好嵌在寶藍色酒杯與赭紅色斷塊背景中間的書名「苦酒」，形神內外當真把小說主角意欲黃湯下肚，卻仍苦悶難解的人生況味，刻畫得入木三分。

當設計者的巧思技藝極其熟練、臻至化境之際，往往便能夠在有限的題材形式裡創造出無限的變化。單單以人的手部動作為題，廖未林即可由此演繹出于吉的《泡沫》、禹其民的《相逢疑似夢》、卜少夫的《空手天涯》與《受想行識》等封面，各種表情豐富的手勢姿態：掙扎、期待、坦蕩、冥想，十足展露出廖氏駕馭如椽畫筆的大家風範。

《苦酒》尹雪曼著
1959 大業書店

以「字嵌畫中」形式，將書名二字填入酒杯兩旁的色塊斷縫內而成一整體圖像。被包夾於深藍酒杯以及赭紅色塊之間，彷彿將鬱悶一口苦吞下肚，「苦酒」二字的弦外意韻也愈發深遠。

《回想》金杏枝著
1963 文化圖書公司

書名「回」字以「嵌畫字」形式，採「畫嵌字中」手法，在字體空隙填充人臉圖像。

渡海賦歸

藏鋒於淡泊

約莫一九五〇年代初至六〇年代中期，正值廖未林在封面設計領域大展長才的黃金時期，當時合作較為密切的出版社主要有：大業書店、明華書局、遠東圖書公司、藍星詩社、紅藍出版社、帕米爾書店、暢流半月刊社、作品出版社、立志出版社、皇冠雜誌社、文化圖書公司等，甚至連遠在海外的「香港新聞天地社」出版品，都可窺見廖氏風格的封面作品。除此之外，他也同時擔任台北「美國新聞處」、隸屬第七艦隊海軍通訊中心情報機構的空投漫畫繪製工作，協助以宣傳繪畫形式針對中國大陸進行心理政治統戰。

當時因藉職務之便，使他得以飽覽《民族畫報》、《中國解放軍畫報》等由香港轉進的各類「匪區」圖書資料。這份工作，看在稚齡的廖家女兒眼中，每天早上固定披著深色大衣、匆忙出門趕赴「美新處」上班的父親廖未林，全然不似時下追逐時髦裝扮的藝術家模樣，反倒有幾分接近詩集《十二月的獨步》封面上，疑似特務密探的低調神秘形象。

總結二十年間在台灣耕耘美術設計土壤的多方成果，廖未林於一九七一年獲頒年度裝飾美術「金爵獎」，並與陳庭詩、季康、金哲夫、何肇衢等人在台北凌雲畫廊舉行聯展。翌年延續著「金爵獎」得主光環，仍在同一地點舉辦「裝飾美術設計」個展。

《謫仙記》（盜版）/白先勇著/大林出版社

《十二月的獨步》/青芬著/1958/藍星詩社

「記得我剛能拿筆的時候，就偷偷仿著香菸盒內的洋畫片畫畫，直到如今更是越來越離不了畫筆，」一紙請柬上，年屆五十的廖未林有感而發地訴說著：「有時我覺得我的口才笨拙，腦筋混沌，迷迷糊糊，粗心大意，但是只要畫筆在手，我就是另外一個人，心平靜下來了，思想、靈感，一切美好的事物都能在一勾一畫中，如源流般涓涓流出。」[11]

就在這幾年內，廖未林幾乎是享盡風光地抵達了其美術設計生涯的成就高峰，他的裝飾畫作品甚至成了坊間書商擅自剪貼盜印封面的熱門首選（如白先勇《謫仙記》大林版封面的「蝴蝶皇后」）。然而，當他取得榮耀桂冠後，卻也同時畫下一道階段性的生涯休止符。為了子女們的教育因素，他毅然引退，於一九七三年離開台北前往美國紐約定居；同年十月取得居留權，並在一家紡織印染公司謀得穩定工作。

任職美國紡織公司期間，廖氏專責的衣料圖樣設計工作，間接地影響了他赴美後的藝術創作觀。前半輩子顛沛流離的他，原打算自此過著與世無爭的安穩日子。然而到了一九九六年，一襲偶然因緣際會，卻讓已屆七十四高齡的廖未林，與台灣藝文界再度產生了某種緣分連結；這一年，因著藝專學弟王修功的激勵促成，並透過「皇冠」平鑫濤的鼎力贊助，而在台灣舉辦了一場去台二十多年後的首度畫作個展。

廖未林裝飾美術設計

DECORATIVE ART DESIGN · LIAO WEI-LIN

1973

《廖未林裝飾美術設計》（展覽手冊）/1973

因年齡與體質不克親臨，經由一紙越洋傳真自介，廖未林深感銘謝地表示：「此次展出的作品題材及技法的多樣性，多少也是來自衣料圖樣的啟發，可說是嘗試，也是興趣。……在美國二十多年，沒有大風大浪，也沒有什麼大不了的成就，有時雖未免有所失意，但毫不頹喪，平凡兼平淡，過我想過的日子。」

針對衣料織品花紋與壁紙細密圖案的研究，其淵源可遠溯至十九世紀末英國威廉．莫里斯（William Morris）發起的工藝美術運動。廖未林本人早在赴美前的一九六、七〇年代，便已透過繪製《新文藝》雜誌與《羅蘭小語》、《羅蘭散文》等書系封面來進行相關的設計探索；在他移居美國之後，亦曾陸續替友人郭良蕙的小說設計花紋圖案作為封面樣式。俗話說：「書裝如衣裝」，本意原指一種擬人化的設計修辭，但廖未林卻直以繪製衣料布紋的獨具匠心，而將它具體成形了。看似規矩的花花綠綠瀰漫著一股脫俗之氣，煞是耐看。

《羅蘭散文》/羅蘭著/1966/文化圖書公司

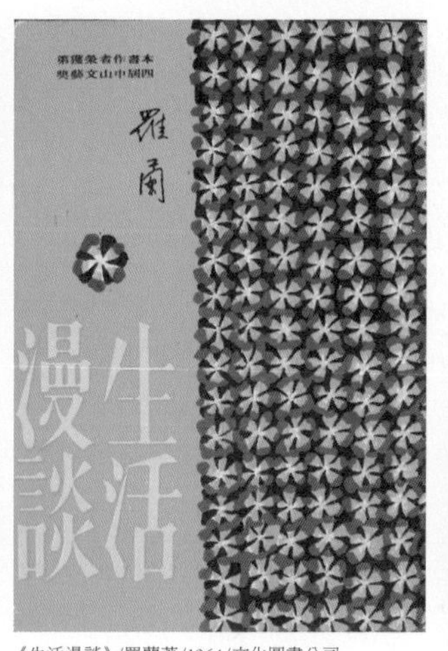

《生活漫談》/羅蘭著/1964/文化圖書公司

《新文藝》（第一一三期）/1966/新中國出版社

封面設計，如同其他藝術創作門類一樣，若捨棄自身文化特色而屈就所謂「世界先進潮流」，便只能淪為西方的附庸。冥冥之中，當年廖未林寫在「裝飾美術設計」一個展序文裡那句醍醐灌頂的忠告，似乎猶言在耳：

「我不以為我應該是東方或者西方，美術設計是無聲的語言，是無國界的，是最自由的。我吸收，我消化，變成我自己的，然後呈現在你眼前的是我的彩色世界。」[12]

從廖未林身上，我們可以清楚領受到他那立足於堅厚的畫家功底、卻又不拘泥於傳統美學章法的設計創意。經由這些手繪封面，他似乎有意以作品向大眾宣告：「別以為搞設計比畫畫容易，沒有畫家的底子，哪能有出色的設計？」然而，在所有秀異價值當中超脫於一切技藝之上的，則是他那不固守傳統調性、以致風格多變難以定型的創新意念——簡言之，此即時下台灣次文化用語所謂的「跳 tone」，若按老一輩專欄作家何凡的說法，則叫做「不按牌理出牌」。

「假如廖未林生長在巴黎，他一定會成為時尚專家。假如廖未林生長在好萊塢，他一定會成為化妝師。然而他生活在台北，所以才形成了現在的廖未林，沒有專門的名稱來冠他。」[13] 若欲評價廖未林的美術設計才華究竟如何，我以為席德進當年所說的這番話語，始終可作最佳註腳。

1 廖未林，一九七四，〈一樂驅百憂〉，《標竿月刊》。

2 龍敏功，廣西桂林人，著名畫家龍月廬之子。年輕時因一場暴病使其失聰和失聲，故常自嘲為「大聾」或「聾公」。為人隨和謹慎且好客廣交，通常以手語、觀口形或筆談與人溝通。

3 一九三五年五月，「文化生活出版社」在上海成立，巴金任主編，吳朗西任經理。該社主要出版中外文藝書籍，叢書選題側重文學、大眾哲學和社會史，共出版《文學叢刊》十集一百六十冊、《文化生活叢刊》囊括十多個國家和地區的綜合文學作品凡四十六種。抗戰期間在廣州、桂林、重慶、成都等地設有分社，一九五四年併入「新文藝出版社」。

4·5·6·7·10 二〇〇八·六·八，廖未林訪談，桃園龜山「長庚養生文化村」。

8 一九五四年，原來任職北投陶瓷廠的許佔山與來自北平藝專的吳讓農，共同在士林社子島成立「永生工藝社」，由許佔山負責石膏翻模與銷售工作，吳讓農負責陶瓷配釉及製作，邀請杭州藝專畢業的畫家廖未林、席德進、林元慎等人到廠兼任陶瓷器裝飾工作，開創畫家直接與陶瓷工廠工作的例子。

9 一九五七年，當時對藝術很有研究、對陶藝亦極愛好的政界聞人葉公超、魏景蒙等，有意提昇陶瓷製品至藝術層次，乃合資成立了國內第一家以藝術為號召的「中國陶器公司」，請來有名的畫家如溥心畬、廖未林、席德進、王修功等人，從事造型設計與陶瓷繪圖工作。

11·12 廖未林，一九七三，《廖未林裝飾美術設計展》手冊。

13 席德進，一九七二，〈裝飾家、設計家、插畫家的廖未林〉，《雄獅美術》第十七期。

廖未林 年譜

1922 生於湖南岳陽。

1937 進入軍方政治部附屬機構「國防藝術社」擔任正式繪畫員。

1939 在桂林加入漫畫宣傳隊行列。

1941 以第二名成績考上「國立藝專」（杭州藝專），後因無學費而放棄。

1942 再次考上杭州藝專，並在巴金「文化生活出版社」工讀，主要從事櫥窗設計與封面繪製工作。

1944 投筆從戎加入青年軍對日抗戰。

1945 復員就讀杭州藝專，師從吳大羽專習人體繪畫。

1948 自杭州藝專西畫科畢業。

1949 國民黨政府遷台，廖未林從上海奔赴廈門，再由福州飛到台灣。

1950 新聞局長魏景蒙介紹廖未林為美國第七艦隊海軍通訊中心繪製對大陸空投政宣漫畫海報。

1951 獲頒交通部郵政總局「地方自治紀念」郵票設計甄選首獎，並開始擔任郵票設計繪圖工作。

1952 開始在《中央日報》週六「兒童周刊版」連載漫畫「小雀斑」專欄。

1953 與席德進在台北中山堂對面的合作大樓舉行首次聯展。

1954 與席德進、林元慎等藝術家以古典人物山水為題，替台北「永生工藝社」進行花瓶陶瓷圖案彩繪。

1956 任教於師大藝術系講授「商業美術設計」，白景瑞、趙澤修皆為他的學生，並以張漱菡小說《七孔笛》開始，大量進行封面設計工作。

1965 參與紐約世界博覽會中國館內部設計。

1967 主持加拿大蒙特婁世界博覽會中國館內部設計，同年在潘壘（邵氏電影公司導演）開設的壁紙公司擔任設計主任。

1970 在國立歷史博物館舉辦美術設計個展，展出五十餘幅設計作品；同年白景瑞執導電影《家在台北》首映，廖未林擔綱藝術顧問。

1971 獲頒中華民國畫學會第六屆裝飾美術「金爵獎」。

1972 於台北凌雲畫廊舉行「裝飾美術設計展」。

1973 於美國新聞處舉行離台赴美設計展，隨即移民前往紐約定居。

1981 自美國紐約前往南京探親順道轉赴上海、桂林等地造訪昔日友人。

1992 自美國紡織公司退休，因氣喘病移居洛杉磯，以逾古稀之年重新開始繪畫創作。

1996 於台北皇冠藝廊舉辦去台二十多年後的首度畫作個展。

2002 於美國洛杉磯蘭亭軒畫廊舉行個展。

2006 返台定居桃園龜山「長庚養生文化村」。

2009 於長庚大學藝文中心舉行個展。

2010 於國立歷史博物館舉辦「廖未林88回顧展」。

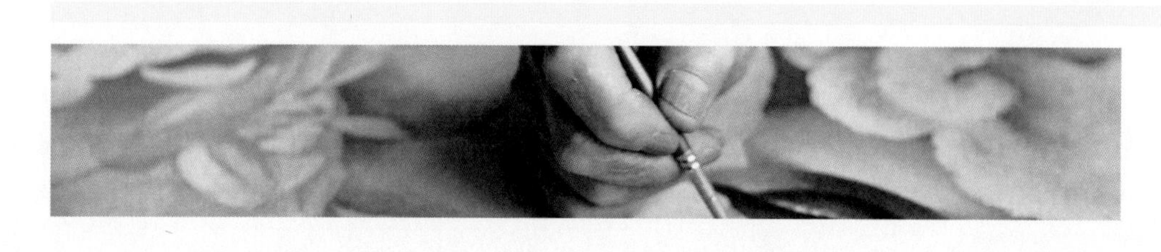

合訂本
文化圖書公司印行
郭嗣汾著
森林之旅
大業書店刊行
名家小說選集
今天出版社出版
朱西寧 田源 尼洛 黑德蘭 姜貴 郭良蕙 子于 蔣芸 畢珍 朱小燕 心岱 藍翎
葡萄成熟時
禹其民著
早熟
郭良蕙*著
漢麟出版
郭嗣汾著
斷虹
大業書店刊行
季 梵著
文化圖書公司印行
春橋
金杏枝
遠山含笑
禹其民著
本書作者榮獲第四屆中山文藝獎
羅蘭

文化圖書公司印行
夢
禹其民著
文化圖書公司印行
卜少夫著
新聞天地社印行
花月正春風
方丁平著
文化圖書公司印行
大姐与五金
皇冠雜誌社印行
往事
郭良蕙著
大業書店刊行
避情港
高陽著
大業書店刊行
凌霄曲
高陽著
大業書店刊行
沸點
路

文藝生涯與書刊設計

Portrait-maker of the Salon Age

The literary career and book design by LONG Si Liang

沙龍時代的造像者

龍思良

隨著近代西方印刷術的傳入，傳統線裝木刻形式的書籍裝幀逐漸式微，中國最早的現代書籍設計者可遠溯至一九三〇年代的魯迅、陶元慶、錢君匋等人。而台灣自戰後以來，從「封面設計」到「書裝幀」的過程並不算久遠，卻有著不少理路未明的歷史斷層。好比說，早期「大業書店」文學書系之於畫家廖未林，「光啟出版社」之於版畫家陳其茂，以及「遠景」、「遠行」系列叢書之於黃華成。而提到一九五〇年代赫赫有名的《文星》雜誌與叢刊，有心讀者絕不能夠忽視書冊內、蟄伏於封面或扉頁一角的「龍思良」設計署名。

龍思良，一個讓人感到有點陌生又不太陌生的名字。談起繪畫創作，他是師大藝術系師生眼中的鬼才，在海外各地舉辦過不下數十次的巡迴展。說到攝影紀實，他又是啟動台灣現代攝影的同人團體「V-10視覺藝術群」的創始元老。而《文星》雜誌，則是他從事書刊設計的起點，也是他與台灣文藝界「波西米亞族」彼此交遊闖盪的源頭。總之，他大半生涉獵廣泛，不斷游移於文學、繪畫以及攝影界，甚至於還跟朋友合開過一家充滿沙龍氣息的文藝咖啡館，並為此跨刀專責室內設計。

擺盪在「藝術」與「設計」之間

台灣平面設計專業的興起，與廣電媒體的發展進程息息相關。一九六一年，台灣第一家廣告企業主「國華廣告公司」成立。一九六二年，台灣第一家電視台「台灣電視公司」正式開播。約莫一九六〇年代初期，一批台灣美術界、攝影界的年輕菁英份子：諸如龍思良、張照堂、莊靈、黃華成等人，在時代潮流下很快地就被薪水待遇極高的電視、廣告公司吸收殆盡，全數進入商業體系中。

當年甫自師大藝術系畢業的龍思良，在校期間即深感課堂授課所學不足，於是開始替《皇冠》雜誌、《徵信新聞》（後改稱《中國時報》）等報章刊物從事美術設計工作。相較於學院繪畫侷限在文化小眾的傳統展覽形態，透過出版媒介繪製設計插圖，毋寧帶給龍思良莫大的新鮮感與成就感。

「我畫了很多插圖……只覺得我畫一張設計圖跟畫一張畫的感覺是一樣的，用的腦筋也是一樣的，有時候覺得畫設計圖或插圖反而是更困難的，甚至比畫一張畫更難，」龍思良說：「那時候我們畫一張畫，也不會是安安靜靜的一張單純的畫，一定會在上面加點什麼花樣，這也是我們畫插圖的原動力、一種技法，那種作品把它縮小擺在封面上，然後再配上要用的字，就是一張封面設計了。」[1]

由報刊插畫形式發展而來的手繪封面造型富含著高度敘事性，具有如同短篇小說一樣引人入勝的情節畫面，繪者著意於呈現其中最精彩的故事片段，可說是封面設計類型裡的精緻小品。龍思良早期為「皇冠」書系手繪設計的於

《焰》/於梨華著/1969/皇冠出版社

《變》/於梨華著/1965/皇冠出版社

《歸》/於梨華著/1963/皇冠出版社

《塞上行》/鍾梅音著/1964/光啟出版社

《也是秋天》/於梨華著/1970/皇冠出版社

《又見棕櫚‧又見棕櫚》/於梨華著/1967/皇冠出版社

梨華長篇小說《歸》、《變》、《焰》、《又見棕櫚，又見棕櫚》、《也是秋天》，以及鍾梅音散文集《塞上行》等封面作品，即以此插畫風格的通俗敘事筆觸為基調，配上超現實意境背景素材勾勒而成，色彩鮮明，造型簡練。

沒過多久，這類插畫工作便無法滿足龍思良渴盼擴充藝術眼界的知識脾胃。

一九六四年，台灣電視公司招考「美術指導」人員，龍思良與師大藝術系同學黃華成一同報名錄取，此後便一直待在台視二十五年，其間歷任美術設計、節目企劃、專案製作等職務。

進入台視以後，處在每日例行工作的龐大壓力底下，龍思良經常與黃華成以及任職廣告公司的同儕好友沈愷、張國雄、簡錫圭等年輕設計家，大量吸收著來自美國、法國、日本雜誌刊物的前衛資訊，並且開始對所謂「純藝術」創作的「獨一性」產生了質疑與反思。他們大多熱衷於現代文學、音樂、電影等藝術門類，卻逐漸發現，原來「設計」才是現代藝術的起點。

封面設計意念的創生

從文藝書刊到武俠小說

一九六〇年代前後的十多年間，同時親臨了現代藝術洗禮及美術設計歷練的龍思良，曾一度排斥傳統繪畫，認為繪畫本身不過是在象牙塔裡浪費生命。相對來說，從事設計工作則是一項很輝煌、燦爛，而且能跟大眾結合的美好事物。

「我覺得畫設計圖真是很了不起，你可以貫徹所謂真正視覺藝術的功能，你畫一張插圖的那個造型，就可以拿來畫一張佈景，同時又可以用，那種感覺就等於是一個大的封面擺在舞台上。」[2]

《英美現代詩選》余光中譯
1968 學生書局

受到設計師郭承豐的觀念影響，龍思良開始出現有別於過去著重手繪插圖、而嘗試以字文結構為主題的裝幀風貌。比如自1968年發行、余光中主編的「近代文學譯叢」系列，龍思良以英文縮寫M、L、T、S（Modern、Literature、Translation Series）排比於書背之間、橫跨封面封底，整體設計純由中英字體組構而成，猶如一組木楔彼此相嵌，遊走於對稱與不對稱之間；封底則穿插作者肖像圖繪，頗具前衛時尚感。

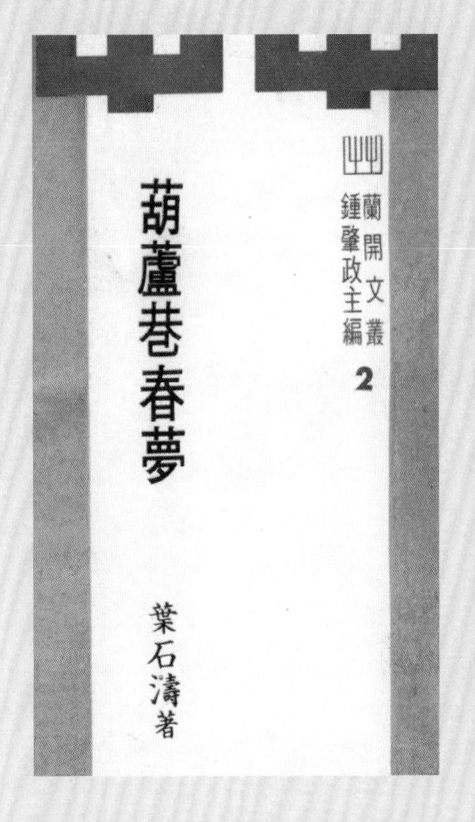

《小小說寫作》彭歌著
1968 蘭開書局

《葫蘆巷春夢》葉石濤著
1968 蘭開書局

1968年，「蘭開書局」負責人賴石萬仿四十開「文庫本」形式，委請鍾肇政編纂「蘭開文叢」，首批作品包括彭歌《小小說寫作》、葉石濤《葫蘆巷春夢》、鄭清文《故事》、鍾肇政《沉淪》上下冊等，封面亦協請龍思良設計。畫面中使用幾何色塊構成「蘭」字中間去「柬」——以喻「蘭開」之意。「對我來講，字是用畫的，我最喜歡寫像枯藤老樹昏鴉、古道西風瘦馬這類含有視覺意境的詩詞文字，它裡面包含有某種造型，變成是在畫字。」[3] 在龍思良看來，使用漢字來做設計，簡直可說是另一種插圖，只是它缺少圖畫主角的眼睛鼻子而已。

《文星》（第六十一期）/李敖主編/1962

《文星》（第七十六期）/李敖主編/1964

當時除了在台視擔任美術指導之外，龍思良還加入了《文星》、《幼獅文藝》、《現代文學》等文藝雜誌編輯班底。擅長畫插圖的他，主要擔任每期封面設計及內頁繪製、編排。由於常與藝文界人士打交道、情面廣，接受委託設計書刊封面、插畫的機會自然增多。《文星》雜誌自創刊以來，每期封面皆以當代西方文學、政治、哲學、科學、音樂等各領域的傑出人物為主題。這對於出身美術科班的龍思良來說，無疑是他從「繪畫」轉型至「設計」的實驗契機。

第五十五期（一九六二年六月）之後，龍思良開始經手《文星》雜誌美術設計，原本清一色照片排版的封面人物，很快便陸續增添了水彩畫、炭筆素描、鴨嘴筆速寫等多樣化表現方式，經由偕同沈愷、黃華成、張國雄、簡錫圭彼此之間的討論激盪，封面字體與內頁編排也逐漸彰顯出足以媲美國外雜誌的整體設計感。在他偶爾興致勃發時，還會在圖繪作品邊上留下小小一抹「思良Long」的簽名字跡。

設計雜誌封面，首要重點在於「標準字」的創立，包括《文星》與《現代文學》的刊名字體，皆屬龍思良之作。對此，龍思良一開始覺得自己並不是做得那麼得心應手，於是便找來老同學黃

《小說新潮》（第一期）/張恆豪等編輯/1977

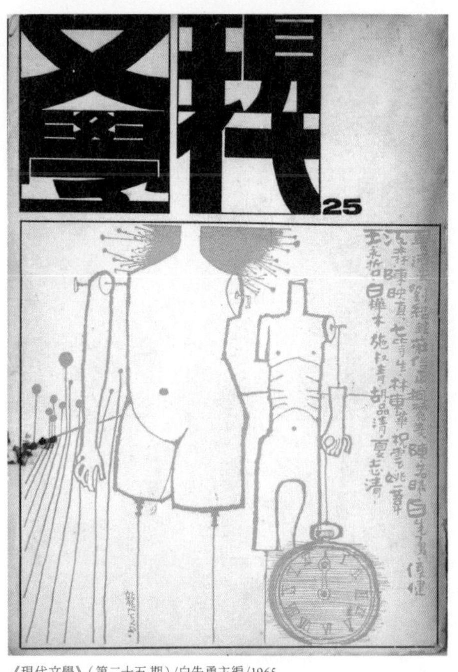

《現代文學》（第二十五期）/白先勇主編/1965

華成幫忙修改字體，如《文星》第六十一期封面刊名即出自黃氏手筆，對照於純顏色背景之下頗具前衛設計感。爾後由於多年經驗累積，「有時候雜誌的封面根本不需要任何圖片」，龍思良說：「標準字本身就是一個很美的圖案，只要用幾個字就可以做成很好的封面。」[4]

除了雜誌以外，龍思良也替「文星叢刊」設計書系版型，並為台北市衡陽路十五號的「文星書店」門市佈置展覽櫥窗。

針對一般書籍「封面設計」流程與主題，龍思良主要依據幾個原則進行構思：首先要看「書名」，其次便看它的主題內容或形象；如果都沒有任何想法的話，就直接找作者本人畫一幅封面肖像。

據說當時手繪封面最為費力耗時的環節處，莫過於「寫字」一項。

「以前寫封面設計字體是很累的，」龍思良說：「像這本《小說新潮》的四個字整整寫了一個晚上……寫不完，因為寫出來以後你還要弄直啊，上白粉修邊啊……很辛苦的，原稿要將近一倍大才看得清楚，還要戴眼鏡弄。」[5]

回想起昔日這些土法煉鋼的方式，龍思良至今印象深刻。當年，能夠僅以一個晚上完成一幅封面書名字體者，就算是箇中快手了。

比起吃力不討好的字體設計，龍思良筆下獨具風格的手繪封面造像，毋寧更銘記著眾多風雲人物的時代面貌，諸如「藍星叢書」散文集《落磯山下》封面的夏菁肖像，以及散文集《望鄉的牧神》與詩集《敲打樂》封面的余光中肖像等。這類封面人物畫大多是參考照片用毛筆勾勒而來，待完稿後再用白色塗料把不要之處抹去。

《落磯山下》/夏菁著/1968/純文學出版社

以畫家身分投入美術設計，在早期台灣藝術界往往被認為是一種「自貶身價」的降格舉動。但對龍思良來說，設計，其實等同於創作跟繪畫兩者的結合。比方他替鍾梅音繪製的《海天遊蹤》封面造型，畫中女主角頸部特長且沒有眼珠，即明顯受到義大利詩人畫家莫迪利亞尼（Amedeo Modigliani）的畫風影響；而龍思良另行畫上翅膀代表天使四處飛翔，並以海浪波動的封面文字呼應著主題書名。至於同一時期如張秀亞《書房一角》與《心寄何處》、羅才榮《我想你回來》等封面設計，皆為龍思良逐漸擺脫以往單純著重於繪畫或插圖形式，邁向另一種全新風格的作品。

《望鄉的牧神》/余光中著/1968/純文學出版社

《書房一角》張秀亞著
1970 光啟出版社

拍拂心底厚厚的灰塵，在記憶裡浮現泛黃的陳舊景象，深深籠罩著朦朧光澤，彷彿墜入龍思良手繪設計《書房一角》封面畫境當中：乍見窗外射入一抹暈黃的色彩，既像迷霧、又似彩霞，讓人不禁懷念起過去的點滴，一切呼吸與回憶都變得暖暖的。

《我想你回來》/羅才榮著/1973/自由青年社

《心寄何處》/張秀亞著/1969/光啟出版社

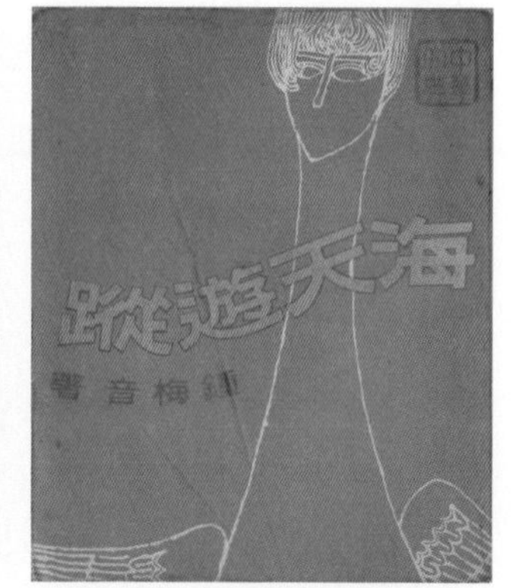

《海天遊蹤》/鍾梅音著/1966/大中國圖書公司

《金劍散文選集》/金劍著/1975/水芙蓉出版社

《跨出的腳步》/邵僩著/1980/水芙蓉出版社

此外，早年由於部分出版社老闆常有逛畫廊買畫的習慣，且勤於收購當代畫家作品，一看見有屬意之作，隨即買回充作封面原稿，而畫作本身又可待價而售；曾替「水芙蓉」書系繪製水彩封面的龍思良說：「這就叫『一魚兩吃』。」

一九七〇年代末期，隨著武俠小說潮流的時興風靡，龍思良因緣際會地結識了小說家古龍，陸續替他筆下的英雄俠客（如《多情劍客無情劍》、《楚留香傳奇》）造像作畫。「我都是看了他的小說內容，然後我再去想人物主角的武功跟衣服來設計，」龍思良說：「這有點學廖未林的感覺，但是比較偏向工筆畫，基本上還是算圖案畫。」[6]

據聞某次古龍宴請出版社員工，當眾宣稱：「龍思良是我兄弟啊，我的書……封面都要給他畫，不給他畫……書就不給你們出了。」[7]於是乎，在小說作者情義相投的充分授意下，設計者便有了全然自主創作的想像空間；自此「古龍小說御用封面畫家」的稱號遂不脛而走。

一九七、八〇年代，一幅封面設計若是按件計酬，根據龍思良的說法，大約為新台幣五百至一千元價碼；但由於古龍小說當年行情看漲，加上出版社本身資金充裕，故而每張封面作品甚至可達五千元左右。「我們那時候其實並不太計較報酬，」龍思良回憶：「真的是叫做在『玩』啊，感覺很開心。」[8]

《名劍風流》/古龍著/1978/漢麟出版社・封面題字/黃君璧

《楚留香傳奇》/古龍著/1977/華新出版社・封面題字/臺靜農

《七殺手》/古龍著/1979/漢麟出版社

《武林外史》/古龍著/1979/漢麟出版社・封面題字/胡昌熾

追憶台北波希米亞「文藝沙龍」

作為戰後台灣第一代封面設計家，龍思良同時也是早期從事室內設計的拓荒者。一九六五年左右，在台北市武昌街二段三十七號的地下室出現了一家咖啡館——名曰：「文藝沙龍」，其原初構想始自《幼獅文藝》主編朱橋（本名朱家駿，一九三〇～一九六八）。

朱橋擔任《幼獅文藝》主編期間，由於經常「貼錢來幫助貧困的作家」，在他熱情邀約下，網羅了朱西甯、司馬中原、陳映真、鍾肇政、鄭清文、李喬、史惟亮、許常惠等一九五、六〇年代台灣藝文界精英。大夥兒幫他寫稿，有很多幾乎是為了交情，而不是為了一份什麼刊物。就在這般彼此提攜、相濡以沫的氣氛下，朱橋認為台北藝文界極需一個類似西方沙龍的公共場所，用以提供給文友們一個定期聚會的交流空間。因此找來了詩人綠蒂、畫家龍思良，以及日後成為駐美代表程建人夫人的何友蘭三人，共同投資開設了「文藝沙龍」，而綠蒂的太太——翻譯作家羅珞加則充當沙龍女主人。

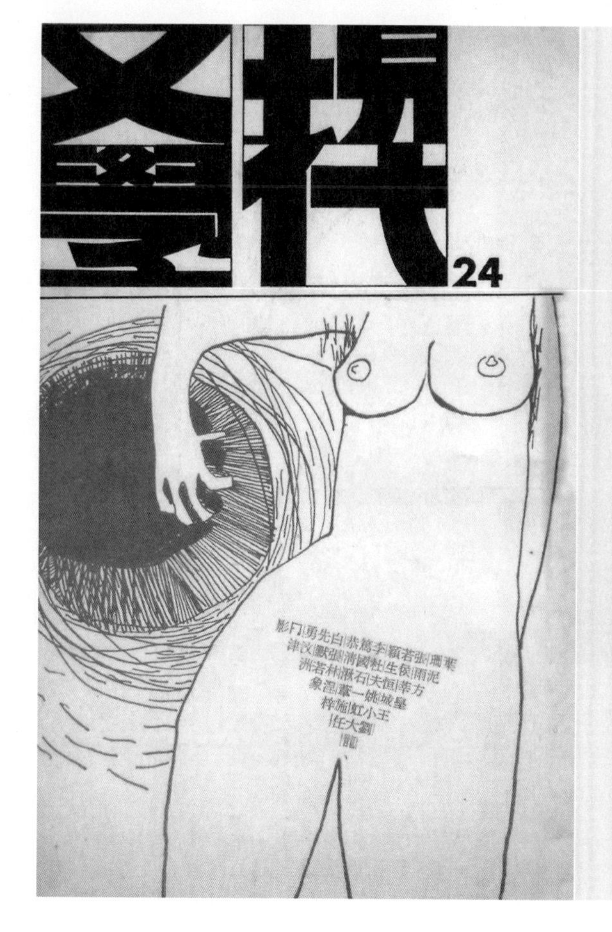

《現代文學》（第二十四期）
1965

負責設計《現代文學》刊名黑體字的龍思良，有一回在雜誌封面畫了一個裸女，把當期作家姓名全擺在裸女陰部的三角區塊。當時擔任發行人的白先勇看到這張封面不覺莞爾，表示：「你這個很刺激喔！」龍思良則回說：「只要你們敢放，我就敢畫。」

開幕初期，「文藝沙龍」可謂冠蓋雲集、文氣鼎盛，對於「作家」們尤其備盡呵護禮遇，不僅包括紀弦、瘂弦、張默、辛鬱、洛夫等詩人經常在此聚會，作家胡品清甚至以〈那個很波希米亞的日子〉一文記下了她流連於「文藝沙龍」的足跡：「地下室那麼幽暗，人又那麼擁擠，幸而沙龍主人認出了我，過來給我找了一個有燈檯的座位。於是，我就在熱門歌曲的喧譁中，在古典音符的悠揚中，在一潭小小的燈光裡，拿出了稿紙和原子筆，把自己裝成作家的樣子。」據說「文藝沙龍」最美的地方，就是這些古色古香的桌燈；當燈光燃亮時，整個咖啡店溫暖如自家的客廳。

此外，由龍思良擔綱的室內設計可說是另一門重頭戲。在店內盡頭一角，刻意擺放了座完全通不到任何地方、純粹裝飾性的「假樓梯」。主要目的在引誘不知情的客人過來，等到發現「此路不通」時，只好在階梯上坐下來，成了當時最受歡迎、最具設計噱頭的休憩角落。

《船》/瓊瑤著/1965/皇冠出版社

在那資訊封閉的苦悶年代，「文藝沙龍」不僅提供了作家們談文論藝的交流管道，更是接濟落難文人、讓他們不致流落街頭的避風港：例如早年不甚得志的作家七等生，就曾在這裡擔任過「掌櫃經理」兼幫客人端咖啡的「打雜小工」，為期一個多月。女主人羅珞加形容他：「**具備了一切令文藝女生傾倒的條件——講話不多，面色陰沉，才氣縱橫，眼神詭異。**」另外，軍中詩人沙牧每回窮困潦倒來到「文藝沙龍」都喝得醉醺醺，羅珞加總是會偷偷到廚房替他舀一碗咖哩雞飯，讓他坐在角落的樓梯上吃。

回想當年眾聲喧囂、各種大小文藝聚會不斷，如今卻已然消逝的這段波希米亞歲月，龍思良尤其感嘆：「**那時候並不像現在這麼有等級之分，事情不是那麼有邏輯的，那真的就像是大江南北，文藝界的朋友們彼此稱兄道弟，感情非常好……簡直成了一個欣欣向榮的台灣現代文藝復興據點，我們剛好卡在那個年代，彼此都很興奮，只要新得到一點什麼東西，大家都拿出來講。**」[9]

一九六八年，「文藝沙龍」倡議者朱橋以三十九歲英年自戕辭世，噩耗震驚了整個藝文界。隨著朱橋的殞落以及入不敷出的慘澹經營，「文藝沙龍」在苦撐了三年之後便告銷聲匿跡。

《夢之花》/胡品清著/1975/水芙蓉出版社

從影像實驗到數位繪畫

一九七〇年初，由龍思良擔任發行人的《攝影世紀》（Photo Century）月刊創刊。當時正逢颱風過境，台北街頭淹水成災，由於該刊針對社會底層的受災實況多所著墨，「張照堂那時候拍了一個人……頭低下去，剛好就沒有頭，他們（警總）就說台灣的年輕人沒頭沒腦，」龍思良說，「為了避免惹上不必要的麻煩，因此只發行一期就趕緊停刊收手了。」

就在一九七一年的關鍵年頭，適逢中華民國退出聯合國、英文《漢聲》雜誌與《雄獅美術》同時創刊，龍思良及其他來自美術設計、攝影繪畫、報刊編輯、電視新聞和電影攝影等不同背景的創作者包括胡永、凌明聲、張國雄、謝震基、葉政良、周棟國、郭英聲、張照堂和莊靈共十人，於台北凌雲畫廊共同成立了「V-10視覺藝術群」。創辦至今，始終標榜個體自由的「V-10」並沒有任何正式的儀式和書面宣言，卻留下了些至今看來仍讓人耳目一新的聲明言論。比如莊靈倡言：「攝影只有表現的高下，而沒有題材的高低」，而龍思良則說：「一、口香糖，二、午睡，三、電視，四、繪畫，五、藝術，六、拍照，七、設計。其中以設計最迷人，拍照最隨和，藝術最噁心；但女人卻囊括以上七項。」

年輕時的龍思良從繪畫基礎出發，企圖從「設計」當中找尋現代藝術的泉源。此後仍不斷嘗試轉換各類創作素材，這位藝文界的老頑童，從雜誌插畫、封面裝幀、沙龍攝影一路「玩」到了室內設計。到了晚年，龍思良卻似那老驥伏櫪，在走了一大圈之後，最終仍回歸到繪畫創作的老本行。

《亞麗菲歐的日記》胡品清著
1975 水芙蓉出版社

龍思良主要採眺望遠景山川、彷彿雲端裡過日子的文人抒情筆調，來表現台灣鄉鎮農村與河畔風光。尤其喜好勾勒自由生長的樹木以及隨意流淌的河水，或輔以大片留白渲染的天空比例，襯托出一片晚風徐來斜陽夕照的人間景致，作為象徵為理想中的鄉居生活與社會秩序。

《弦外集》/蕭白著/1974/水芙蓉出版社

《山鳥集》/蕭白著/1974/水芙蓉出版社

《陸小鳳傳奇》/古龍著/1977/春秋出版社

《多情環》/古龍著/1978/漢麟出版社

一九八八年，五十二歲的他以畫家身分隻身前往中國大陸，陸續在南京、蘇州、北京、昆明等各大城市舉辦巡迴個展及講學，並開始進行「絲綢之路」寫生計畫。一九八九年，為了重新找回創作動力，龍思良選擇自台視退休，並跑到美國西海岸的舊金山定居。寓居美國的前幾年，他對於「家」毫無歸屬感，往往是早上賣出一幅畫，晚上可能就搭上前往巴黎的飛機，但總是鍥而不捨地執著於創作實踐。甚至到了一九九〇年以後的「e世代」，龍思良以年過五、六十的高齡首次接觸「電腦繪圖」，卻仍孜孜不倦地學習探索「數位影像」與「純繪畫」之間的視覺關係。

論及數位繪畫工具，晚年龍思良曾將之比喻為「一盒全新的蠟筆……有七千六百萬種顏色可用，有上千枝畫筆的視覺特效可供揮灑。」然而，過去生活在手工繪圖時代的龍思良雖然未曾見過所謂「數位影像」，實際上在他腦袋裡頭卻早已萌生某種相近的「數位思維」。譬如古龍小說作品《陸小鳳傳奇》以及《多情環》、《碧玉刀》等書系封面色彩看似時下數位影像漸層效果，在當時來說卻得要耗費心力、採用色紙絹印徒手剪貼而成。

「那時候手工畫出來的字，很像是現在的電腦打字……原來我們當年這麼辛苦搞半天，現在只要一個按鍵指令就可以解決了，」龍思良徒呼興嘆地說：「假如現在有人找我設計，我一定用電腦畫，不可能再用以前那樣手工的方式，現在電腦實在太方便了，但是你不好好用，很容易就會沒有原創力，因為它太強勢了。」

「電腦是工具，不是拍檔，」龍思良表示：「它可以呈現一條曲線，卻無法設計一條曲線。」對於現今沒有免疫力的年輕畫家來說，電腦數位時代的到來固然開拓了視覺藝術的大門，但也同時可能會把他們既有的原創力給扼殺

《長生劍》/古龍著/1978/漢麟出版社

《碧玉刀》/古龍著/1978/漢麟出版社

了。電腦繪圖快捷、精準、方便，有上億的圖形範例可隨手採用，卻反倒讓新一代繪畫工作者逐漸遠離了人性本身的創造力，而去追逐時髦圖像，並且一直重覆使用。

一路經歷過手工繪畫、文藝沙龍室內設計、進而跨越適應數位工具時代，龍思良尤其強調：電腦並非從事繪畫創作與設計工作者唯一的選擇，它與其他手工材料之間永遠也無法取代彼此，設計者不妨嘗試各種多元化的平行使用。藝術本身並不是全取決於工具的強弱，而是在於「人」的素養及抉擇。

重回「書裝幀」主題。端看日本出版界名家輩出——諸如杉浦康平、菊地信義、南伸坊等人不但在本國卓然有成，其作品集甚至數度被翻譯流傳到港台與中國大陸等地。台灣出版業者在流行「跟風」之餘雖說也不落人後，但總不免讓人反覆思索：在書籍設計的歷史道路上，台灣難道沒有歸屬於自身的文化傳統嗎？

「台灣嚴格說來沒有封面設計家」，早在三十多年前，龍思良便已有感而發地指出：**「我只是將一般繪畫概念應用到設計上罷了」**在他看來，真正的美術設計者應該和印刷廠打成一片，必須瞭解分色印刷的製作過程，甚至親自參與工作。這樣不僅能充分發揮機器的機能，更可以從技術中反射出來，改善技巧限制，創造出更新穎的設計效果。

回首昔日不斷嘗試創新的種種作為，龍思良自承並非真正道地的設計專家，卻在台灣書籍文化工業初萌的貧瘠年代，上演了一齣讓後人驚豔不已的開場秀。此刻坐在台下仰望的我輩觀眾，在看完前輩們的行動演出之餘，究竟能否激盪出吉光片羽的共鳴花火，而讓這場精彩的節目不斷延續下去呢？

1．2．3．5．6．7．8．9．11　二〇〇七．十．十三，龍思良訪談，台北新店。

4　龍思良，一九七六，〈雜誌的版面設計〉，《編寫譯的技巧》，道聲出版社。

10．12　龍思良，二〇〇六，〈「e」世代數位的視覺影像及技巧對現代純粹繪畫之衝擊〉，私人未出版演講稿。

13　廖雪芳，一九七四，〈封面的設計——美術設計座談會之一〉，《雄獅美術》第四十二期。

龍思良 年譜

1937 出生於廣州。

1957 畢業於師大藝術系。

1962 開始擔綱《文星》雜誌美術設計工作。

1964 首度於台北圓山飯店舉辦個人畫展，同年與黃華成考入台灣電視公司任職美術指導。

1965 擔綱台北市武昌街「文藝沙龍」咖啡廳室內設計。

1966 獲頒全國青年文藝繪畫獎（金牌）。

1967 台北水彩聯展作品東南亞巡迴個展（越南、泰國、新加坡、馬來西亞）。

1968 擔任《攝影世紀》（Photo Century）月刊創刊發行人，同年作品參加巴西聖保羅國際展。

1970 獲聯合兒童教育基金會圖書插畫創作獎。

1971 西班牙馬德里國際青年畫家邀請展。

1973 台北水彩聯展、中日文化交流展。

1975 擔綱台北實驗創作畫展發起人並展出作品。

1977 開始替古龍第一部武俠小說《楚留香傳奇》繪製封面。

1979 美國舊金山藝術中心聯展。

1980 美國加州灣區史丹佛大學個展。

1981 美國佛州奧蘭多藝術中心聯展。

1987 赴美國佛州迪士尼世界動畫中心研究視覺藝術。

1988 舉行南京、蘇州、北京、昆明巡迴個展及講學，並著手進行絲綢之路寫生計畫。

1989 美國佛州奧蘭多藝術中心個展。

1991 美國德州奧斯丁聯展、佛州棕櫚泉藝術畫廊個展。

1994 於台北市立美術館舉行水彩畫個展，作品「新春大吉」、「士林夜市」、「懷念西門町」獲北美館典藏。

1997 於美國加州史丹佛大學演講「視覺語言」並展出「中國式水彩畫」。

2000 高雄博愛美術館個展（油畫、水彩）。

2001 台南千禧博覽館個展（油畫、水彩）。

2002 中國上海璇宮ART 50畫廊個展。

2003 於台北市立美術館舉行「數位藝術展」。

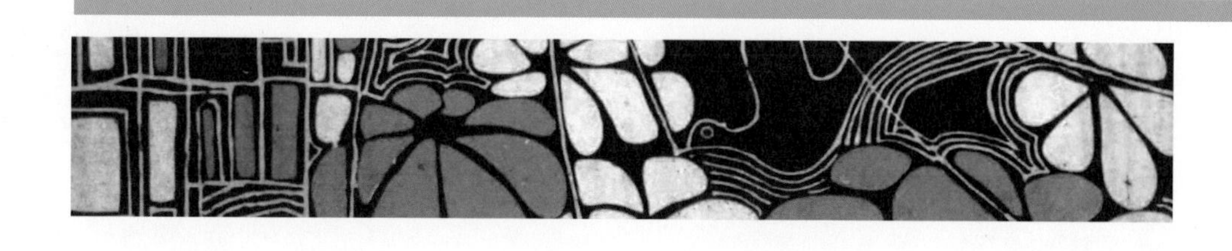

題研究
綠遍天涯樹
碧竹
水芙蓉書庫
水芙蓉出版社印行 18
劍俠清談
鶴翁著
思匽題
水芙蓉書庫
水芙蓉出版社印行 218
蕭十一郎
全一冊
中東鱗爪
張仁堂著
文星叢刊 224
凱瑟琳・安・波特
現代文學叢書・翻譯
1
思想的
生活的
藝術的
文星
6

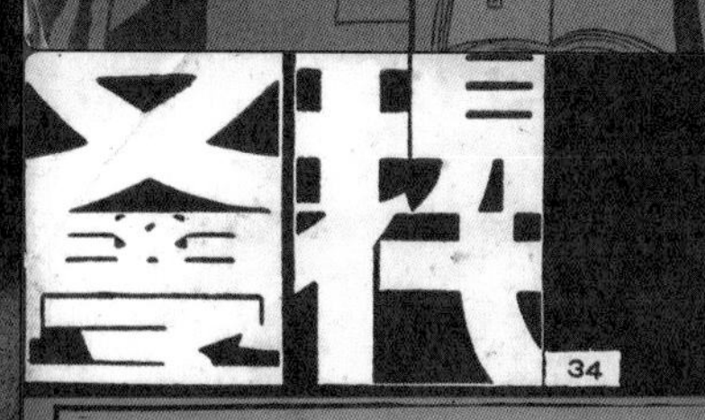

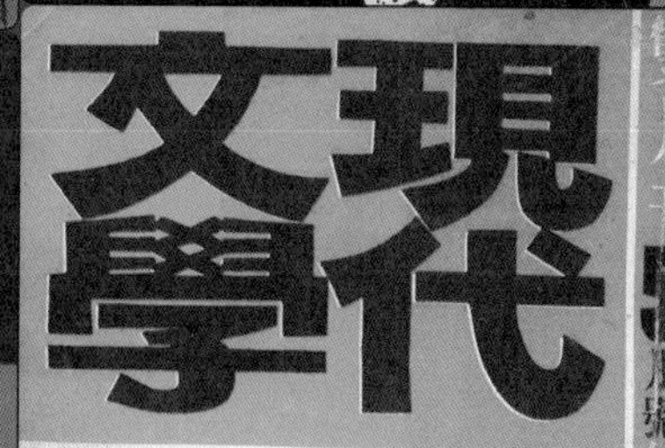

白先勇是一位社會意識極強的作家。其次，白先勇是一位嘲諷作家。「遊園驚夢」諸篇不盡是嘲諷之作；但是，我以為他所擅長的是衆生相的嘲諷：他的冷酷分析多於熱情擁抱。本來，像白先勇所處理的上流社會，一個已經枯萎腐蝕而不自知的社會，是値不得當小情人來擁抱的。假使白先勇朝這個方向發展下去，中國現代文壇出個把會可利(W.M. Thackeray)也未可知。我召來會可利的鬼影，不僅是爲了稱美；因爲，我想白先勇的短篇小說，都有點像長篇：無論他的題材，人物，或敍事文體，都是更像長篇而不像短篇的。

——顏元叔：「白先勇的語言」

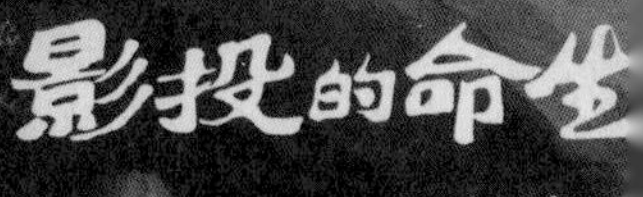

微物空間的物件史詩

Epics of Object in Microcosm
The stylish bookbinding and cover design of Photographic Design by
HUANG Hua Chen

黃華成

「設計 風格 裝幀 及 其他
攝影」

一九六〇年代的台灣，適逢資本主義快速發展、民間中產階級興起的氛圍當口。彼時（一九六八）在政治力干預下的「文星書店」已然停業，李敖也遭逮捕入獄，島內思想氣氛苦悶，物質資源短缺。在那段隨處可聞政治味兒的寒蟬效應、老人家們諄諄告誡晚輩「囝仔人有耳沒嘴」的戒嚴歲月，若說青年人身邊習以為見的，或許唯有「貧窮」與「壓抑」二者罷。

所幸，屢遭壓抑的自由思想很快便出現了一道窗口。一九七四年，人稱「出版小巨人」的沈登恩從嘉義北上，並為鄧維楨、王榮文找來，三人合資成立遠景出版社，陸續開啟了「戰後第一代成功出版人」風起雲湧的遠景傳奇。與此緊密相依的，還有那烙印在「遠景」系列叢書折頁的封面設計者：黃華成，一個在台灣戰後美術史上值得大書特書的名字。

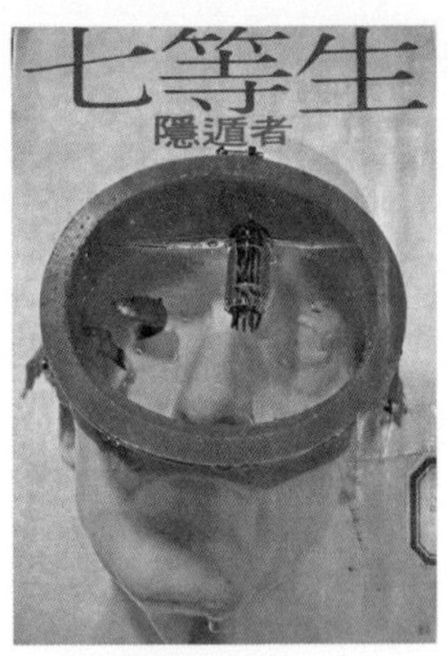

《隱遁者》/七等生著
1976/遠行出版社・攝影/莊靈

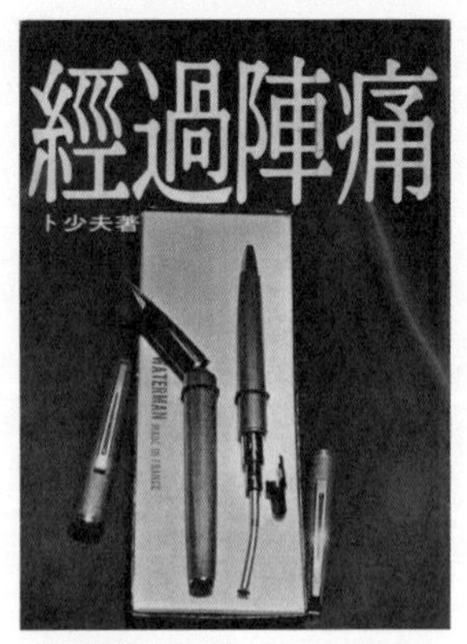

《經過陣痛》/卜少夫著
1976/遠景出版社・攝影/莊靈

《賴柏英》/林語堂著
1976/遠景出版社・攝影/莊靈

從一九七四到一九七八年間，黃華成替遠景、遠行、景象等出版社製作了大量的封面設計作品，題材圖樣大多以攝影鏡頭獵取生活物件，交織出各種光怪陸離且極盡顛覆理念、但總能觸發幾許反思的圖像景致，可稱之為「設計攝影」。昔日曾與黃華成合作多年的夥伴好友、攝影家莊靈形容他是「設計界的拓荒者」，他那猶如魔法般，至今仍令人驚豔而拍案叫絕的攝影圖像，搭配遠景版的林語堂、卜少夫、高陽、七等生、王禎和等現代小說作家的文字橋段，幾十年來伴隨著無數讀者的閱讀記憶，共同打造了台灣出版史上無可替代的版本風景。

《削瘦的靈魂》七等生著
1976 遠行出版社

源自十九世紀法國印象派畫家秀拉（George Pierre Seurat）的「點描派」（pointillism）光影錯視手法，黃華成挪用轉借的攝影圖像，呈現出七等生孤獨削廋的身影靈魂。一種混沌曖昧不明的表情形象，彷彿遊刃於現實和超現實之間。

七等生

削瘦的靈魂

《劇場》（第二期）/1965/劇場雜誌社

劃破時代景幕的驚鴻流星

如果說，這世上真有如法國作家莫里斯・盧布朗（Maurice Leblanc）筆下怪盜亞森・羅蘋（Arsene Lupin）那樣的風采人物——不僅言行舉止既紳士又幽默，臨場機智既狡猾又機靈，且行事作風充滿豪氣，思想觀念不拘泥於世俗，以及穿梭於社會規範與行為踰矩之間，身分多到無法界定的百變造型——若將時空場景轉換到一九五、六〇年代的台灣，於一九六六年成立「大台北畫派」、空前絕後地接連發表了「現代詩展」、「一九六六秋展」、「八十一條宣言」而獨領風騷的黃華成，可說是當之無愧。

廣泛涉獵各門藝術、尤其偏愛現代文學與電影且擁有好幾個「分身」的他，除了以「黃華成」本尊名號創立「大台北畫派」、擔任《劇場》編輯以及書籍封面設計者之外，同時也是小說家「皇城」、「伊儂奴君」，插畫家「BX」（將兩英文字母緊貼一起，便化作了中文『成』字），攝影師「黃裕盛」，影評人「金斗進」，雜文家「黃去」、「林旺」、「末名」，劇本創作者「聞人」、「二川」。在畫展現場，他說：「**我已經做過小說、舞台演員、電影導演、編劇、繪畫、詩、設計，而音樂與建築，我就要開始了。**」簡言之，舉凡只消用得上兩眼與雙手的創作領域，他都甘願投身充作開路先鋒。

「大台北畫派」雖名為「畫派」，但它非關「繪畫」，也不是由一群志同道合的畫家所組成，而是以《劇場》雜誌主編黃華成為中心的藝術創作「系列事件」。

一九六〇年代中期，正當黃華成掀起一陣驚濤迭蕩的輿浪風波之餘，有人開始質疑他是騙徒，但也有人奉他為先知。然而，端察黃

《劇場》（第五期）/1966/劇場雜誌社

《劇場》（第九期）/1966/劇場雜誌社

華成的種種逆俗言行，說穿了，其實只為實踐他所宣稱：「把藝術當一整體看待，找出它們的相對關係，在它們各方面展露你的才識」[1]（「大台北畫派宣言」第二十條）的純粹意念。而就在標舉「大台北畫派」旗幟的三十年後，黃華成在台大校友會館舉行了人生最後一役的回顧紀念展，展後未久便告別人世。追悼會場上，詩人商禽寫成「大句點－笑悼黃華成」一詩，洋溢著解構風格的「後現代」語彙，雖帶有幾許戲謔味兒，倒也頗為傳神地勾勒出這位浪蕩才子的時代身影：

黃華成生於某年某月何處祖籍
廣東從來不說你搞米野畫畫兼
寫作　小說　戲劇　也拍小電影
編劇場用米酒灌鉛字寫「佈景」
作「先知」而不當去「等待果陀」未果
創設獨人畫派而曰大台北解構藝術
非常的酷的絕的普普的後現[2]

當年曾為「大台北畫派」格局深感震撼的老友郭松棻說：「只要矯情的藝術存在一天，大台北的控訴力、破壞力及其實驗性就一天有價值。」映照於一九六〇年代台灣文藝土壤的蒼白虛無、僅見一片灰白慘綠的時代面貌，黃華成的出現，無異於一道璀璨奪眼的天際流星，雖是驚鴻一瞬而顯短暫可貴。然而，在時過境遷之後，未經幾載寒暑，其流風足跡卻也更快地淹沒在歷史波濤之下。至今難以望其項背而驚呼不已的吾輩後學們，只得籠統地稱他作「藝術家」，可這世俗的稱謂，倒又有些過份簡單且狹隘了。

大破大立
還復真我

《劇場》第一次演出海報

劇場第二次電影發表會

「實驗003」IDEA/黃華成原定9個銀幕。用以同時放映9部電影

《劇場》第二次電影發表會

除了寫小說、創作劇場藝術，黃華成在《劇場》雜誌嘗試各種美編版面、拍攝實驗短片，更於一九六六年八月二十七日至九月三日假台北海天畫廊（台北市中華路一〇四號五樓），開辦被稱為「沒有畫」的「大台北畫派一九六六秋展」，具體展現了他向來反藝術、反審美、反傳統的藝術觀。

針對藝術創作之事，展露多采丰姿的黃華成彷彿千面俠盜的真實化身。一會兒有如背負著神聖使命的傳教士，為了解救芸芸眾生，煞有介事般宣揚其救贖理念：「把藝術從古董、手工藝品、方言（國語外國語）、民歌、裝飾、玄學裡頭篩出來。藝術上的地域性，永遠是死路。」（「大台北畫派宣言」第五十八條）或者，不忍卒見世道沉淪的他，乾脆成為一個張羅旗鼓的革命者：「在目前，大眾反而是藝術的障礙。主要原因 — 我們沒辦法讓高級知識份子認清藝術，也訓練不出

「大台北畫派宣言」原稿

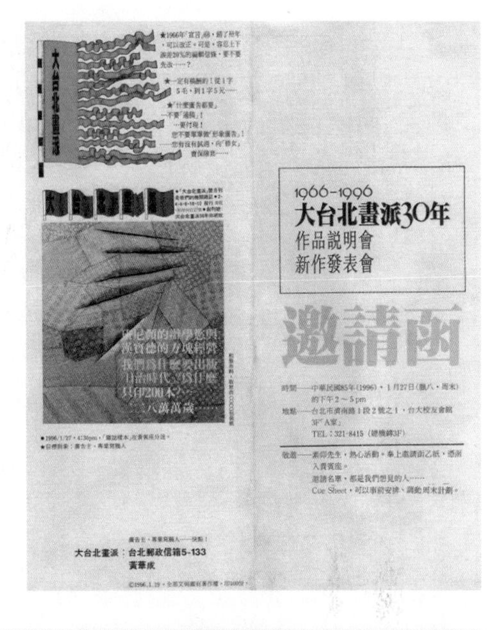

一個美術教員。」（「大台北畫派宣言」第六十二條）倘若撇開一切世俗成念，他甚至可以豪氣萬丈地宣告：「把藝術當一門學科研究，如果六十萬年都錯了，從頭來過。」（「大台北畫派宣言」第二十八條）

然而，方一轉眼，戴上劇場眼鏡裝扮的他，又有如小孩兒似地兩手一攤，大嘆：「人生何必如此嚴肅」，或說：「不可過份標榜某一心得，像『存在主義』那樣小題大作。」（「大台北畫派宣言」第五條）甚至，還會旁若無人地告訴你：「尿急時，可面牆行之。」（「大台北畫派宣言」第二十二條）

從劇場、觀念藝術、電影、文學以至書刊美編，黃華成的視覺系作品，總予人相當搶眼的第一印象，不僅在過去如此，即便到了四十多年後亦不遑多讓，用一句概括的詞語形容——即「前衛性」十足。此般共鳴同感，與其認為是作品本身的物質召喚，倒不如說是旁觀者從中映照出深埋於心底——屬於自己的那份童真純趣。

曾幾何時，我們幾乎忘卻了每個人都曾有過的恣意童年，由於後天習得的各種美學教條與俗世規則渲染下，已不自覺地成了「社會化」的共謀者。一九六五年，《劇場》（季刊）雜誌創刊，黃華成把封面上的標題鉛字任意顛倒排列，似是亟欲擺脫當代陳腐的空間束縛，更以其睥睨之態傲視凡塵。但此大肆演練的圖像化文字，卻也意外予人暗藏符號密碼的多餘猜想，甚而引起當時警總的注意。對此，他頗有所感：「**找出中國人發明了印章印泥，發明了紙，何以不會發展活字印刷的民族性。**」（「大台北畫派宣言」第六十八條）在《劇場》有限的方寸版面內，黃華成把一顆顆具備個性與粗獷原型的鉛字當成了彈珠石、尪仔標，猶如闖進印刷廠的頑童發現一片新天地似地，跟排字工人玩起了顛倒規矩方圓的拼圖組戲。

在他離開人間的十多年後，黃華成所帶給我們——挾帶著強烈啟蒙隱喻的驚鴻絢爛，直到今天，仍遠遠超過於我們對他的理解與詮釋，甚至不知該用何種論述型態或哪種恰當的表徵語彙來解讀。在黃華成親自記錄的展覽對話裡，他說：「我只要知道自己能走到多遠，不要求別人瞭解我多深」，「我們有了一些悅人的文化，各式各樣的，粉飾太平的，歌功頌德的，我沒見過中國歷史上有格的藝術家。」但我最激賞的，總還是他在私人文稿留下的那句：「一成文人便無足觀」。

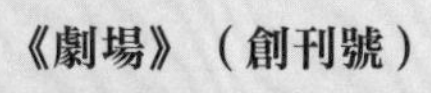

《劇場》（創刊號）
1965

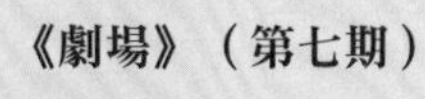

《劇場》（第七期）
1966

承襲自歐陸超現實主義的「自由文字」意念，黃華成可謂戰後台灣掀起平面文字設計革命的第一人。在《劇場》版面編排上，常見他將文字任意重組而生成嶄新的視覺意象。例如創刊號封面以翻轉英文鉛字「DOWN STAIRS」、「UP STAIRS」的橫向排比，用來指涉劇場與人生舞台躍昇殞落的抽象意旨。而自第四期開始，他更將刊名的「刂」與「土」兩字部首合併、上下排列，塑造出一種既陌生又熟悉、具有解構美學意味的版面效果。

解放視覺經驗的微物空間

端看黃華成的「遠景」、「遠行」叢書封面設計，他用來充作圖像構成的各種物件材料，其外表雖大多保持著原樣態，但經由特定視野的再結構之後，早已脫離了原先的使用機能，幾乎成了一種飽含象徵性——僅存有展示作用的純粹「藝術品」。許多取之於生活的日常物件，透過某種奇特佈局的安置擺放，以及有意無意的排列組合與光景修飾，形成兼具離散感與整體觀的「微物空間」（the Space of Small Things），黃華成無疑要讓觀者從中提取出富於聯想性的各種寓意。

通過分裂和孤立處理，通過對過程的延長和壓縮，通過放大和縮小進行介入，黃華成的遠景「設計攝影」風格裝幀，無疑替我們開啟了另一有別於客觀世界的異想天地。

《人子》/鹿橋著/1974/遠景出版社・攝影/黃天緒

例如鹿橋的名著《人子》封面，黃華成在一嬰兒奶瓶內滿裝子彈，讓意象及物體產生緊張排斥的張力，象徵著溫順外殼下充滿危險暴力的潛在危機。其他如歐陽醇的《戈壁遊俠》封面，則是一敞開的陳舊古籍，內置一朽腐的手槍，槍口指向遠方的明媚風景，在明亮無私的太陽下，人文與風景，傳統勢力與自然真實成為一組鮮明對照，回應著一九七〇年代台灣社會的文化遞轉。此一系列封面設計，多為黃華成配合莊靈之專業攝影，其他合作攝影者尚有立青、蘇培基、董敏等人。

《戈壁遊俠》/歐陽醇著/1976/遠景出版社・攝影/莊靈

《夏濟安日記》/夏濟安撰、夏志清校注/1975/言心出版社・攝影/莊靈

《夜未央》/費茲傑羅著、陳蒼多譯/1976/遠景出版社・攝影/莊靈

對於創新概念的謬誤，一般人總是過度沉迷於汲取「新鮮特異」的聳動題材。然而，當刻意尋求的殊異對象不再垂手可得時，自然就要遇見無法自拔的瓶頸與低潮。於此，德國美學家班雅明（Walter Benjamin）在《機械複製時代的藝術作品》提出「視覺無意識」（optical unconscious）概念，他認為，正如通過精神分析了解到本能無意識，人們透過電影中的慢鏡頭、特寫、蒙太奇的切割重組等技術手段，既豐富了我們的視覺世界，展現我們在日常所忽視的某些東西，也讓現實世界中尚未出現的東西超前顯現。

無獨有偶，恰逢一九六六年頭的第一個日子，當黃華成躊躇於大台北畫派展場高呼：「**藝術是疾病，不要仰望它，把它踩過去**」，並以複製拼貼名畫作為會場入口「拭腳布」的同時，在遙遠的歐陸彼岸，法國哲學家布希亞（Jean Baudrillard）也在兩年後的一九六八年，發表了第一部批判現代消費社會的驚世之作《物體系》。提及工業時代的視覺創作，布希亞頗為異曲同工地指出：只有透過一組物品間的

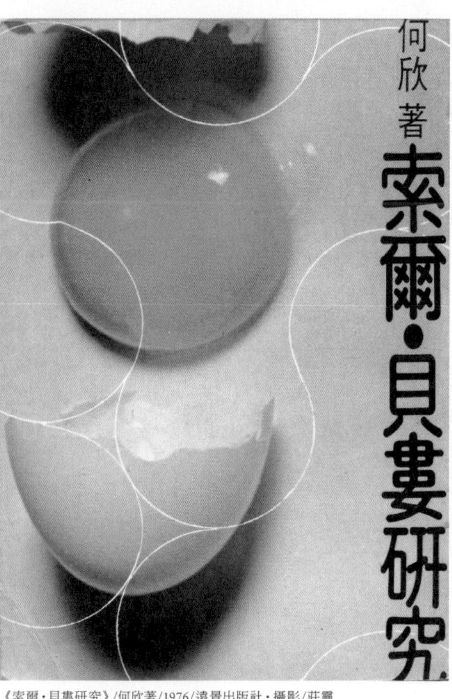

《索爾・貝婁研究》/何欣著/1976/遠景出版社・攝影/莊靈

《何索打擊》/何索著/1976/遠景出版社・攝影/莊靈

「相互關係」，及它們在這個新的結構中對「功能」的超越，才能打開、喚出、標出節奏，擴大「空間」，並同時使「空間」因此存在。換言之，布希亞認為：「**唯有空間才是物的真正自由，而功能只是它的形式上的自由。**」此時，在地球另一端的黃華成，早已藉由「遠景」叢書封面設計的實務經驗，進而將抽象的前衛思維化作大眾消費市場的書物實踐。

繼黃華成逝去之後，布希亞亦於二〇〇七年三月辭世，終其一生未曾謀面的兩人，或許在現實環境中皆有些失落，但其精神理念卻始終不曾死亡。

空間再結構的物件史詩

《生活的藝術》/林語堂著/1976/遠景出版社・攝影/莊靈

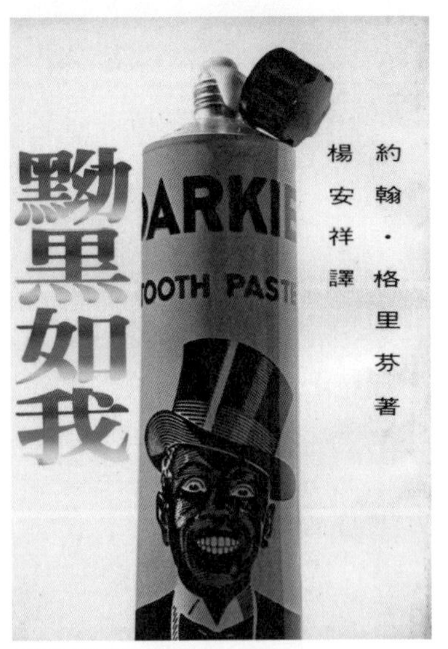

《黝黑如我》/約翰・格里芬著、楊安祥譯
1975/遠景出版社・攝影/莊靈

盡覽「遠景」書系封面，黃華成以茶杯、牛奶瓶、硬幣銅板、鋼筆、鑰鎖、計算機、電話、鐘錶、鐵絲、玩偶、書籍、相片、食品罐頭等平凡易見的生活用品作取材，十足地呼應他在「大台北畫派」成立之初所標舉：「反對玄學，不用形容詞，把實體展現，美就在妳四周」，以及「**把形上、形下、形左、形右、形前、形後的包裝紙撕掉，我們要看看形**」（「大台北畫派宣言」第五十九條）的藝術宣言。

在林語堂《生活的藝術》一書封面，黃華成用鏡頭拍下印有養樂多標籤的透明容器內，插著一束杜鵑花。若以單一組成的物件結構來看，花朵本身微沾雨露、嬌豔欲滴，屬於季節性的天然植生；養樂多瓶罐則是市場流行的飲料容器，是透過機器大量生產的商業產品。而這原本分屬不同物件體系、彼此互不關聯的兩者，在被刻意安排並置的特殊時空背景下，共同形成一種相互對應而新鮮莫名的「群組物件」，不僅質疑、塗銷，甚至「解放」了觀者在日常生活中對它們既存的功能意象。

《嫁粧一牛車》/王禎和著/1975/遠景出版社・攝影/莊靈

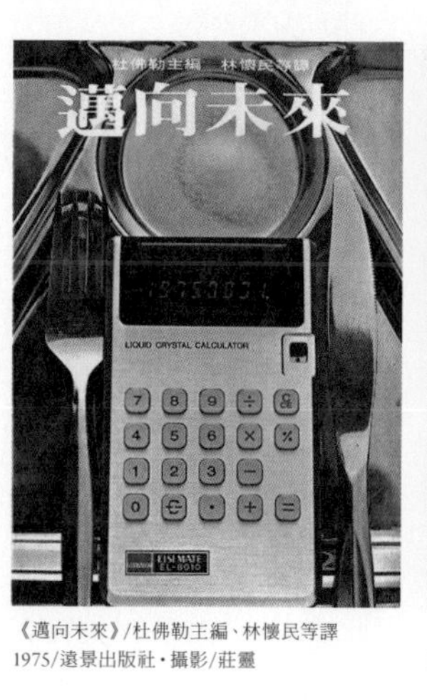

《邁向未來》/杜佛勒主編、林懷民等譯
1975/遠景出版社・攝影/莊靈

《文學，休走》/趙知悌編著
1976/遠行出版社・攝影/莊靈

一九六四年間，「日本關東養樂多株式會社」開始在台灣籌劃、生產、銷售大量的飲料商品，《生活的藝術》封面所出現的100g玻璃瓶裝「養樂多」（活菌發酵乳），即為該公司首度在台上市的包裝面貌。而如今我們習以為見的PS塑膠瓶，則是「養樂多股份有限公司」自一九七一年後開始實行容器改革的新產品——換言之，黃華成所拍攝的玻璃瓶「養樂多」，在當時的市場上已逐漸回收而幾近「絕版」。諸如此例的攝影對象，包括有黑人牙膏、雄獅鉛筆、老牌計算機等物件，也一一成了見證台灣早期商品工業發展的時代註腳。

此外，黃華成替鄉土文學作家王禎和的小說《嫁粧一牛車》所做封面，亦可堪稱一絕。故事敘述一九六〇年代，失聰的主人翁萬發靠拉牛車運貨維生，貧困的他命運多舛，窮到幾無立足之地，後來睜一眼閉一眼地、靠著妻子跟一姓簡的有錢男子產生曖昧關係，才換來屬於自己的一台牛車。在圖像語言上，黃華成並沒有如一般人望文生義地使用「牛車」或「鄉土建築」之類的具象風情，而是以象徵性且充滿諷喻的構思，將「女人大腿」、「襪帶上緣」以及「花花綠綠的鈔票」彼此組構一體，用來對應小說闡述貧困卑微人物的嘲弄及喜劇形式。

特別在拍攝《嫁粧一牛車》封面影像的過程中，老搭檔攝影家莊靈回憶起一件小插曲，他說：「當初由於我們考慮到國幣的尊嚴，因此在實地拍攝時，把新台幣改成了一張十元美金和一張百元港紙，」甚至以之自嘲：「這樣儘管降低了原著的『鄉土氣息』，但也是無可奈何的事。」由此可想見，儘管黃華成屢屢透過各種影像創作大膽揭露台灣社會的表象，但在當年仍屬戒嚴期間的政治氣氛底下，卻也不得不有所顧忌。

仗劍任俠的英雄肖像

十九世紀法國詩人波特萊爾（Charles Baudelaire）論及藝術創作時指稱：「材料看起來越是確實與充實，從事想像力的工作也就越是細微與艱難。」對於黃華成來說，唯有透過經營視覺物件相互間的再結構（restruction），藝術家才能重新取得並解放攝影藝術的創作主導權。

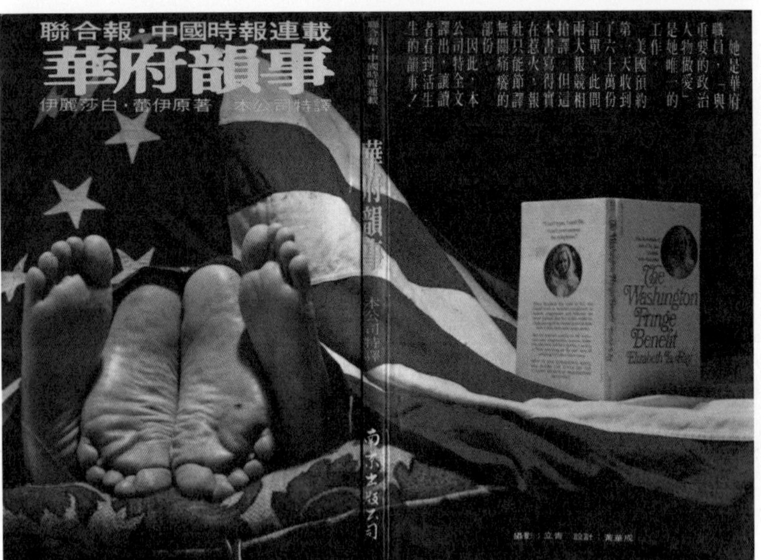

《華府韻事》/伊莉莎白・蕾伊原著/1976/南京出版公司

一九七〇年代中期，可說是黃華成與「遠景」書系「設計攝影」封面大行其道的黃金時期。這類屢屢讓人驚奇駭異的視覺風格，在當時確是受到出版者歡迎。因應而生的市場需求，很快便流行起一陣「跟風」仿作，甚至他為紀念「大台北畫派」十周年——以美國星條旗與兩雙赤腳丫子為題所作諷刺版畫，也被盜版書商拿來充作封面。影響所及，坊間便有攝影者開始隨手拍下一些奇特景象，以備出版社不時之需，如一把生鏽的鐵釘、一堆散置的塑膠衣架、棄置人行道的破鏡面，或因移動而模糊的形體等。

《城之迷》七等生著
1977 遠行出版社・攝影/莊靈

1974年，黃華成首創「設計攝影」彩色封面（「遠景」書系），除了帶來印刷套色上不再只有黑白圖像的技術變革外，更為有趣而影響深刻的，莫過他開啟了一套全新視覺風格，直把拍攝實驗電影為目標的整體創作觀念，徹底融入書籍設計當中 —— 黃華成擔任劇情編導，莊靈負責掌鏡拍照。

七等生小說《城之迷》的封面設計，拍攝一位長髮年輕女郎，神情疑慮地獨自蹲坐在陰暗浴廁角落，簡直是驚悚懸疑電影裡，讓人感到摸不透、而又引起費心猜疑的佈局場景。

以「設計攝影」作為書籍封面的最大難處，在於它沒有足夠的時間和空間，讓你呈現書裡書外所有的情節、人物、背景。「設計攝影」其實像詩，一幅有詩意的快照。這樣的照片並不難拍，卻不容易做出深刻描寫。

黃華成最擅長的，僅只一二鏡頭，便觀照出這世界的荒謬。無論拍攝遠景或近景、人物或道具、面光或背光，所有那些化做封面設計的攝影美學，最終都只以單一瞬間的情境畫面，誘發承載著無數觀看群眾的想像力。

二十世紀「普普藝術」先鋒 Andy Warhol 曾說：「未來，每個人都有十五分鐘的成名機會。」作為一位偏重「概念思維」的設計家，黃華成透過「設計攝影」將其思想實踐在封面作品上，一度以「反藝術」姿態，將當時許多常民生活物件影像進行大量複製。然而，對於其他未能深入作品體悟的眾多追隨者來說，不經概念深思而一味模仿的結果，反易於使「設計攝影」陷入了喪失「原創性」與「中心思想」的潛在危機。

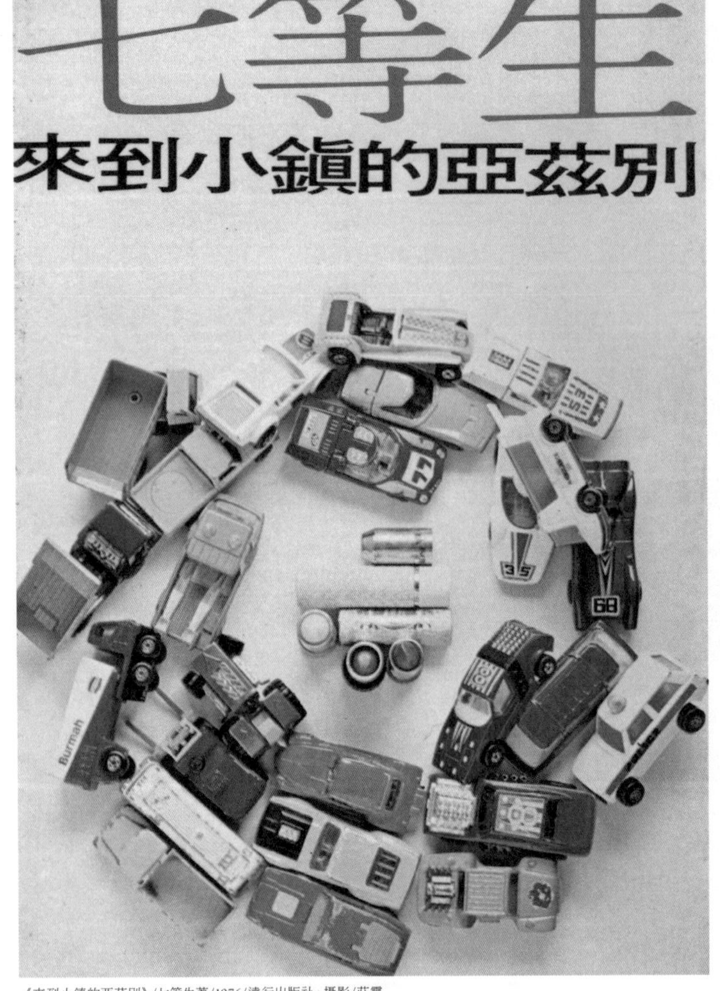

《來到小鎮的亞茲別》/七等生著/1976/遠行出版社・攝影/莊靈

針對某些特殊題材，我一直覺得好奇的是，在過去尚未解除戒嚴的年代，黃華成似乎特別鍾情使用「子彈」這類受政府嚴格列管的軍械物品當作攝影道具！無論是鹿橋《人子》封面把子彈與錢幣一起塞進牛奶瓶裡，或是七等生《來到小鎮的亞茲別》封面以子彈為中心、周邊圍繞著玩具車……每每予人一種刻意呈現以成人軍械（子彈代表統治暴力與死亡威脅）強烈對照於兒童用品（玩具車、牛奶瓶代表純真無邪的生命本質）的隱喻象徵。

《僵局》/七等生著/1976/遠行出版社・攝影/莊靈

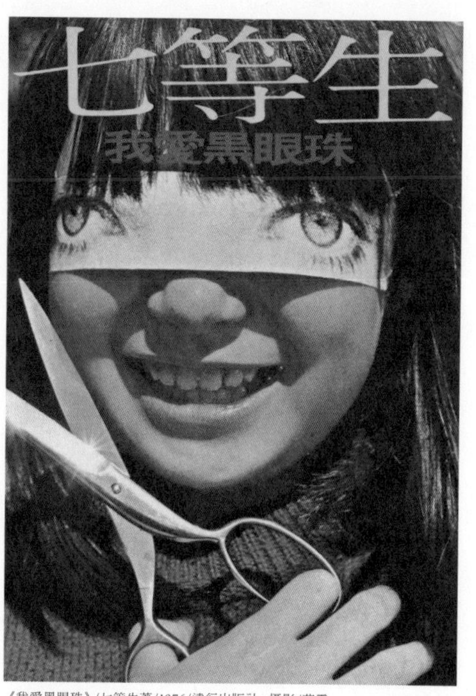

《我愛黑眼珠》/七等生著/1976/遠行出版社・攝影/莊靈

基於不同的設計理念與主觀認定，如何評價一幅封面作品的優劣，始終是個極具爭議性的大哉問。比方七等生《我愛黑眼珠》這本曾經引起諸多評論異議的小說封面，黃華成利用一張白紙黑假眼來替代女孩瞳目（由莊靈女兒扮演）的設計創意，看在作家雷驤眼裡，卻是形同「把這樣一項嚴肅的精神帶給讀眾一場笑劇」。至於七等生另一冊小說集《僵局》的封面，同樣也招來雷驤的負面評價，「簡直像是由幾塊烘焙成鳥狀的麵包，彷彿剛從野餐盒子裡掉落、呆板無趣地留在草地上」，雷驤表示：「很難令人相信它是一部適應困難者的小說，勉強加以揣測的話，比較接近一本西點食譜的封面。」

一路走來狂傲瀟灑、浪蕩不羈的黃華成，早在「大台北畫派宣言」開宗明義第一條，即以「不可悲壯，或，裝作悲壯」作為化身悲劇英雄的強烈暗喻。面對保守同道的藝術批評，他總是顯得姿態坦然：「不做無謂的反駁，要睜開眼睛看，來的是左勾拳，還是右拳橫掃。」（「大台北畫派宣言」第十五條）如此勇於迎接前方挑戰的果敢態度，毋寧真切實踐了班雅明以「擊劍者」之喻（practicing my fantastic fencing），描摹現代主義藝術家獨樹特出、無畏搏鬥的英雄形象。

《柳生一族的陰謀》/松永義弘著、林懷卿譯
1978/武陵出版社・集字/瘦金體字帖

《丹下左膳》/林不忘著・林懷卿、安紀芳譯
1978/武陵出版社・題字/王安妮左手試寫

近代隨著歐洲文藝復興人文主義的高張，人們逐漸從宗教的迷醉中甦醒，從而發現了自身的存在價值。對許多創作者來說，「自畫像」尤其是重要的自我表現手法，除了用以闡述人生的欣喜悲歡之外，更能藉此吐露畫者的心靈獨白。包括《丹下左膳》、《柳生一族的陰謀》等「武陵出版社」書系，皆由黃華成親自擔綱封面主角，幾可視為以「設計攝影」手法創造的一種「自畫像」。

正如西方藝術史上許多請不起模特兒的天才畫家，只好拿自個兒模樣作為畫像摹本。據張照堂回憶，早些年的黃華成為了節省經費，也經常自拍自演一些封面角色。素來喜愛粉墨登場的他，一會兒是劍術高超的「柳生十兵衛」，一會兒又是行事癲狂的「狂四郎」。待鏡頭轉換到遠景版的林語堂《蘇東坡傳》時，又痛快扮演起當年正值四十四歲、卻因「烏台詩案」而被捕下獄的蘇東坡，那獄中獨飲、有志難伸的面貌形神，難道不也是黃華成在現實人生懷才不遇的寫照嗎？

《蘇東坡傳》/林語堂著、宋碧雲譯/1977/遠景出版社・集字/蘇東坡「寄參寥詩卷」

瞻仰昔日《劇場》時代風華，即便是後人朝拜者欲獻上遲來的桂冠，但正如黃華成生前最為嘲諷與反對者，如今將文人與藝術家的任何既成概念與頭銜移套在他身上，都是不恰當的。從文類反叛、前衛戲劇到圖像革命，挾帶英雄主義「浪子性格」（dandysme）的黃華成，猶如日本時代劇中的浪人劍客，為了劃破時代籠罩的陰鬱氛圍，牽掛在他心中的那把劍，始終都沒能放下。

我們所能做的，或許只是依循他的某些腳步，試圖回歸人和物之間的根本關係，以便明確地了解處在消費社會體制底下的現代人。

1 黃華成，一九六六，〈大台北畫派宣言〉，《劇場》第五期。

2 商禽，一九九六，〈大句點—笑悼黃華成〉，《創世紀詩刊》第一百零七期。

3 Baudrillard,J，二〇〇一，Le systeme des objets，（物體系，林志明譯），人民出版社。

4 雷驤，一九七九，〈封面設計劣樣之形成〉，《書評書目》第七十四期，洪健全教育文化基金會。

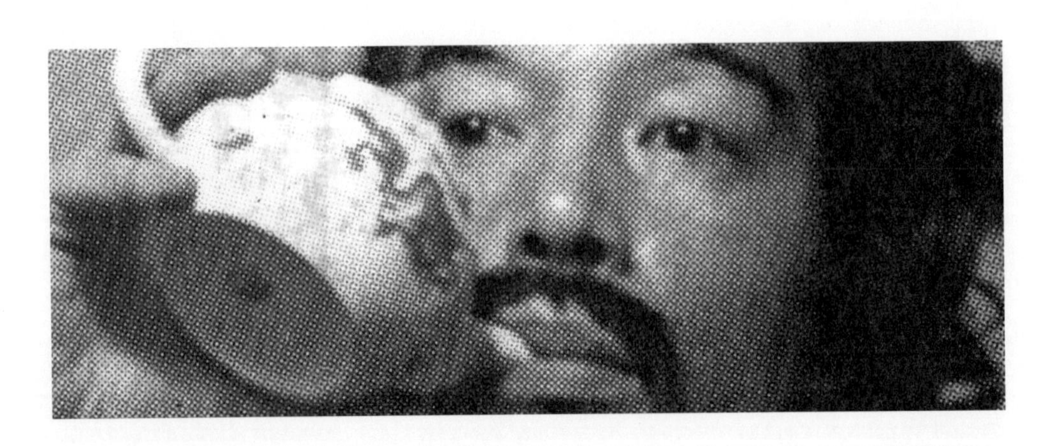

黃華成

年譜

1935 祖籍廣東中山，出生於南京。

1949 舉家遷居至台灣台北。

1954 入師大藝術系就讀。

1958 自師大藝術系畢業入伍。

1959 擔任中學美術勞作教員。

1960 考入國華廣告設計公司。

1961 與龍思良同期考入台灣電視公司擔任美術指導。

1962 與林一峰、沈鎧、張國雄、簡錫圭、高山嵐、葉英晉等師大藝術系校友，共同推出首屆美術設計「黑白展」，同年發表短篇小說〈實石〉、〈孝子〉於《現代文學》雜誌第二十三／二十四期。

1965 擔任《劇場》雜誌編輯與美術設計，同年在台北耕莘文教院參與演出現代荒謬劇《等待果陀》。

1966 以裝置作品「洗手」、「禁止隨地大小便」、「跳房子」參與「現代詩畫展」，同年「大台北畫派」成立，發表語錄體宣言八十一條及「一九六六秋展」，並以實驗電影《原》、《現代の知性の人气の花嫁》參與《劇場》第一次電影發表會。

1967 在台北國軍文藝中心參與《劇場》第二次電影發表會，放映《生之美妙》、《實驗002》、《實驗003》等影片。

1968 黃華成、郭承豐、蘇新田於台北精工畫廊聯合舉辦裝置藝術作品「黃郭蘇展」，同年赴香港「邵氏電影公司」擔任編劇，並開始為《國際電影》、《銀色世界》、《四海周報》撰寫專欄。

1970 返回台北任職東方、清華廣告公司，專責企劃與美術設計工作。

1973 進入外貿協會企劃部，派至日本台灣展覽館工作，因此結識日籍妻子力石好子。

1974 「遠景出版社」成立，黃華成開始替「遠景」、「遠行」與《郵購雜誌》設計封面文案。

1976 在《雄獅美術》刊登「大台北畫派十週年展」版畫紀念海報發售消息，每張一千元美金，全套十二張限量一百份，卻沒有任何訂戶。

1980 擔任「中信房屋」企劃設計。

1996 個人生涯告別展「大台北畫派三十年」發表會在台大校友會館舉辦，同年因肺癌病逝台北。

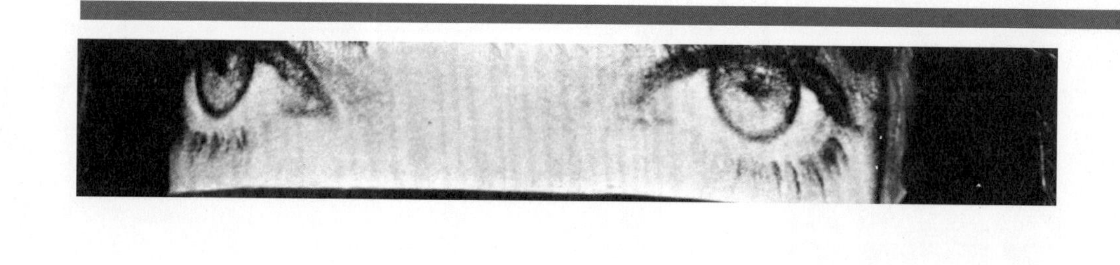

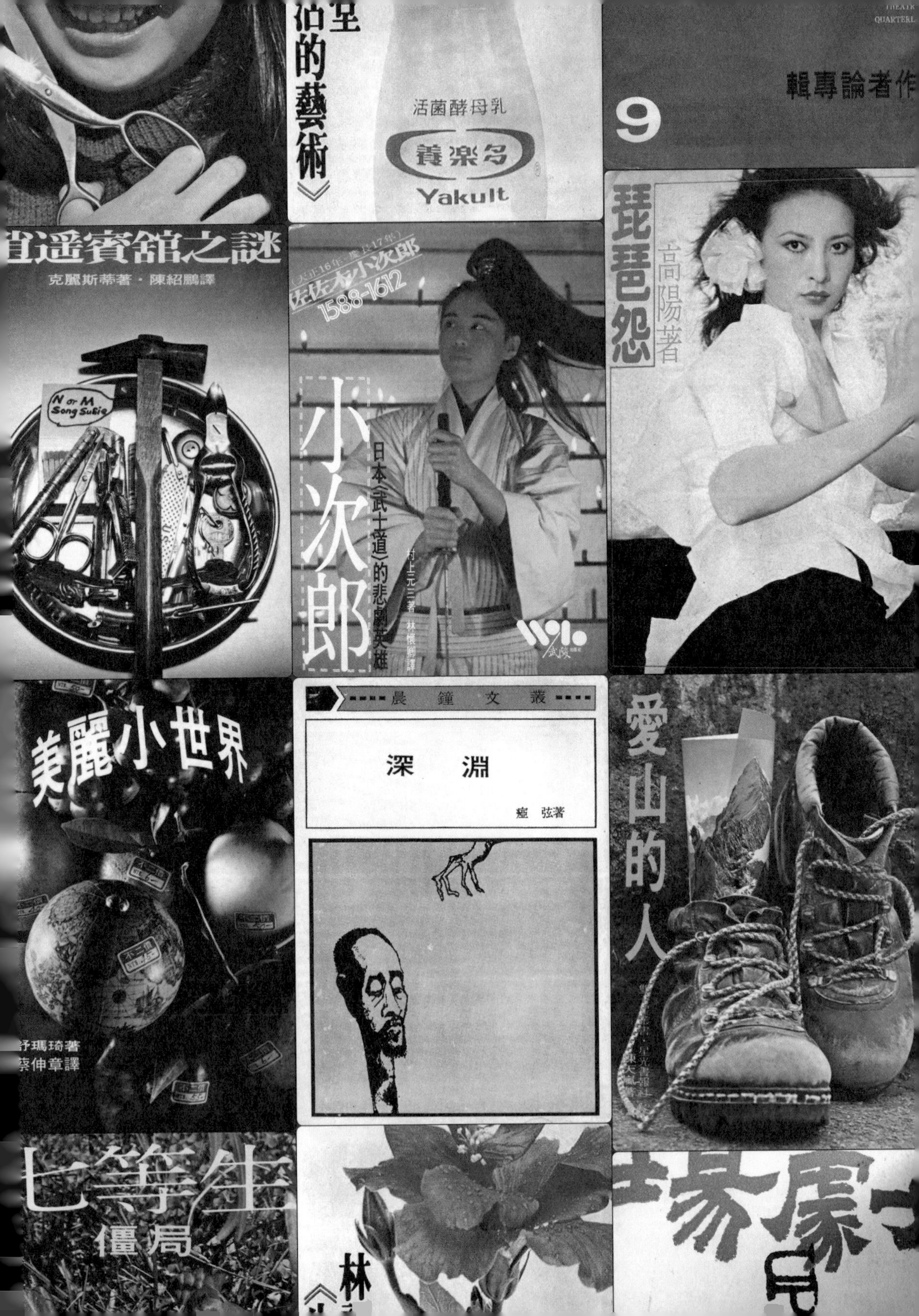

的藝術
活菌酵母乳
養樂多
Yakult
作者論專輯
9
THEATR
QUARTERL
宜遥賓館之謎
克麗斯蒂著・陳紹鵬譯
N or M
Song Sutie
佐佐木小次郎
1588-1612
小次郎
日本〈武士道〉的悲劇英雄
琵琶怨
高陽著
晨鐘文叢
深淵
瘂弦著
美麗小世界
舒瑪琦著
蔡伸章譯
愛山的人
僵局
林

芬 著
愛與文學
羅素論快樂
羅素著
法迪譯
德華出版社
小隱士
姑隱
孟瑤
盆栽與瓶插
操縱者
E.L.Shostrom 著
孫慶餘 譯
眾神
尉天驄著
王禎和 著
嫁粧一牛
100
10
ITALY

藝壇才子的幻夢青春

The mundane charm of flower and silhouettes

The dream and youth of a literary and artistic genius KAO San Lan

花與剪影之浮世魅惑

高山嵐

一九六〇年代以降，伴隨西方現代主義思潮的隱微匯聚，台灣譯文書籍極其有限，在戰後出生的青春世代普遍期盼汲取外界新知的閱讀渴求下，由於族群性別差異所造成的價值觀和性格氛圍，便有所謂「志文男」與「皇冠女」之說。前者即指喜愛大量閱讀志文出版社刊有沙特、卡繆、楚浮、柏格曼等大師照片的新潮文庫翻譯書的前衛菁英男性；後者則概稱耽溺於瓊瑤愛情小說、英美名家譯作與長篇連載的普羅大眾女性。

高山嵐，這位早年專責《皇冠》雜誌封面版式與叢書設計的首席藝術家，將大自然所賜與的有機線條元素，運用地出神入化。他那擅長圓弧曲線配置的封面設計與版面編排，結合了書刊命名與專輯刊頭以花卉蔓草裝飾為題的嬌柔意象，呼應著「皇冠」讀者偏於女性化陰柔的特質。

過去，專事鄉土水彩畫的高山嵐曾被誤以為是一名女性，他擅於描繪優雅美麗的仕女，宛若早期台灣美術設計界的夏洛瓦（Bernard Charoy）。四十多年前的台灣書籍裝幀仍是一片急待開墾的沃土，高山嵐於焉化身為一名開疆拓地的健將，他的風格清新獨特，思維敏銳，深為各界矚目。

作為曾經名動一時的設計家、畫家，同時也是電影導演，高山嵐筆下不少取材自古典文學主題、有如幻夢青春的小說封面設計與插畫，清一色可見自署「KAO SAN LAN」的英文名號。儘管當年口碑極佳，然而事過境遷之後，如今多數的構圖和設計畫面已被大多數人給遺忘了。

《中英週刊》(第九期)/1964・封面人物/高山嵐

《第三者》/郭良蕙著/1962/長城出版社

《青紗帳起》/田原著/1971/皇冠出版社

《少年遊》/高陽著/1966/皇冠出版社

水彩畫家的鄉土幻夢

祖籍台南，高山嵐出生於當地一個雅好藝術的書香世家，父親高娗齊是一位具有詩人氣質的商人，母親梁鶯則是一位時裝設計家。日治期間刊載於一九三〇年《台南新報》詩壇專欄的一闕七言律詩，題曰：「天中節日偶成」，即出自乃父高娗齊筆下：

每逢雙五夢魂驚　萬點榴花照眼明
角黍猶存人祀祭　菖蒲未廢劍縱橫
□羅空有遺珠淚　赤嵌寧無奪錦聲
一卷離騷歸恨血　香閨蘭芷怨多情[1]

小學時，高山嵐屢屢嶄露過人的繪畫稟賦，不僅能畫出想像中的人物圖樣給母親刺繡，甚至參加全日本兒童繪畫比賽獲得首獎。「如果詩是有聲的繪畫，那麼繪畫就是無聲的詩」[2]，高山嵐直說他從父母身上繼承了詩畫涵養的藝術天才。

舊昔台南故鄉街邊的廟埕旁榕樹下，他依稀緬懷滿街滿巷的鳳凰花，眷戀廟前年年節節上台的歌仔戲與京劇。「他們的服飾彩色繽紛，他們的動作具備了很抽很抽的抽象，那指勢，那水袖的一揮一動，都是美得不能再美的線條。」[3]高山嵐在多年以後仍記憶猶新地描述著。當年就讀台南一中期間的美術老師謝國鏞[4]，以及爾後北上負笈省立師範大學時期的藝術系教授廖繼春[5]，接連導引著高山嵐走向繪畫創作之路。

水墨畫「香港仔」/高山嵐/1971

水墨畫「藍色的舞動」/高山嵐/1971

《翡翠田園》/張漱菡著/1966/皇冠出版社

《謝橋》/郭嗣汾著/1967/長城出版社

在學期間，高山嵐開始奔走於台灣各地鄉鎮描繪鄉土風景人物，將一幅幅水彩畫在俗稱的「土紙」上。早期台灣農業社會由於物資缺乏，人民生活普遍貧窮，一九六〇年代以前，全台北市只有天橋下的學校美術社賣些日本進口顏料，更遑論其他畫材了。此處所謂「土紙」，高山嵐表示：「那是一種粗粗、黃黃、帶股濃得不能再濃的氣的紙，我用它來畫畫。這種紙喚回了我數不完童年失去的回憶。孩提時代的夢，從那墨染線條中湧了出來。」本為台灣民間用來敬鬼神的土紙（金銀紙），在上面塗抹水墨，確實能夠映襯出高山嵐特有的筆觸風采，不僅有鄉土的親切，亦有灑脫的清新。

約莫同時期，就在抽象水墨風行的年代，台灣水彩畫壇於一九六三年成立由原「聯合水彩畫會」（一九五九）改組而成的「中國水彩畫會」，積極鼓吹著一股具「中國風」的渲染水彩畫；呼應著現代水墨的美學趣味，以及另一種介於抽象與半抽象之間、形色渲染混融、色彩豔麗的寫意畫風。如是，該畫會成員高山嵐以水彩形式搭配書名字體構成的封面畫作，包括張漱菡的《翡翠田園》、郭嗣汾的《謝橋》等，皆可約略窺見，從繪畫創作過渡至書籍設計之間淋漓奔放的畫家靈魂。

《荊軻》/高陽著/1968/皇冠出版社

《李娃》/高陽著/1965/皇冠出版社

「藝術是引誘人想像的學問」，高山嵐拿起畫筆時總是這樣想著。在他認為，照樣模擬下來的作品不過是一種最差勁的照片。所有技術與材料都屬次要，最重要的是把想像完全表現在畫布上。當他作畫時，手中並不常拿著畫筆或毛筆，更多時候他所拿的可能是一條繩子、幾片破布或一團碎紙。

「任何東西都可以成為你的工具，因為你是用腦子在作畫，」高山嵐說：「傳統繪畫如今已陷入不進步的狀態，必須加上新的激素才能跟上時代。」[6] 於此，他尤其針對中國古典繪畫極富表現力的筆墨線條進行提煉，結合了民間剪影工藝而自我發展出一門獨特的剪拔設計手法。舉凡皇冠早期的高陽小說《李娃》、《荊軻》、《少年遊》等封面裝飾圖案，均顯示出高山嵐扎實的繪畫功底與造型創意，也將當時的台灣書刊設計帶入一個新境界。

《今日世界》（第二五六期）/1962

《嫁》/郭良蕙著/1969/立志出版社

極簡寫實主義和民俗風的結合

二十四歲那年（一九五七）於師大藝術系畢業後，高山嵐隨即進入台北「美國新聞處」[7]擔任美術編輯。任職期間，他開始接觸到大量來自國外的美術設計資訊，從《*Holiday*》、《*Fortune*》等雜誌吸收了許多平面設計的新觀念與表現技巧，並且經常為美國新聞處出版的書刊、手冊與雜誌設計封面；當年他以「唐代仕女」、「梨園子弟」、「新中國文學」等古典題材繪製的設計手冊，甚至還被推崇為年度最佳封面作品。

對於所謂「封面設計」，高山嵐表示：「當人們接過一本書時，首先看到的就是它的外衣——封面，然後再看內容，因此封面不只要美觀，而是要有個性，能代表它的一切，也是它的縮影。」[8]

話說一九五〇年代冷戰期間，作為美國鞏固亞洲地區勢力的文化統戰機構，待遇豐厚的美國新聞處，可謂台灣早期藝術家安頓生活家計、涉獵美術設計領域的最佳滋養溫床，其中包括了曾經專責繪製政戰空投宣傳漫畫的廖未林，以及稍晚以水彩畫家之姿被譽為藍蔭鼎第一接班人的青年高山嵐。

《紅燈，停》/孟瑤著/1968/皇冠出版社

《荊棘場》/孟瑤著/1968/皇冠出版社

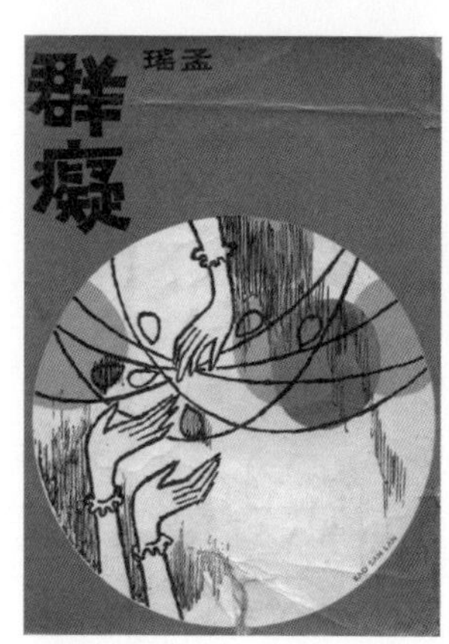

《群癡》/孟瑤著/1969/皇冠出版社

在攝影印刷技術並不發達的一九五、六〇年代，透過港台美國新聞處旗下附屬「今日世界出版社」發行，內容刊有大量精美圖片、封面封底皆採全版彩色印刷的暢銷雜誌《今日世界》，不僅在台灣成功形塑了「美式現代生活」的文化想像，雜誌裡一再顯露美國人對唐詩、宋詞、國畫、京劇、粵劇、皮影戲、陶瓷器等「中國傳統藝術」的尊重與喜好，更間接認可國民黨統治者在台承繼了中國文化的正統性，進而營造出「中美友好」的政治意象。

於是就在標舉「親近傳統藝術」之名以遂行文化治理政策的時代背景下，美國新聞處併同《今日世界》所搭建的媒體舞台，確實提供了高山嵐多方嘗試不同實驗風格、具體展現設計才華的難能機會。這段期間，署名「KAO SAN LAN」筆下兼具中國古典情調與西方現代設計感的裝幀作品——包括源自民間剪紙造型的高陽長篇小說《李娃》，郭良蕙的《嫁》、田原的《青紗帳起》，以及挪用蘇州庭園窗洞意境的孟瑤長篇小說《紅燈，停》、《荊棘場》、《群癡》等，共同譜成了高山嵐在台從事美術設計生涯的重要曲調。

《皇冠》（第二六八期）
1976・高山嵐「霓裳羽衣曲」

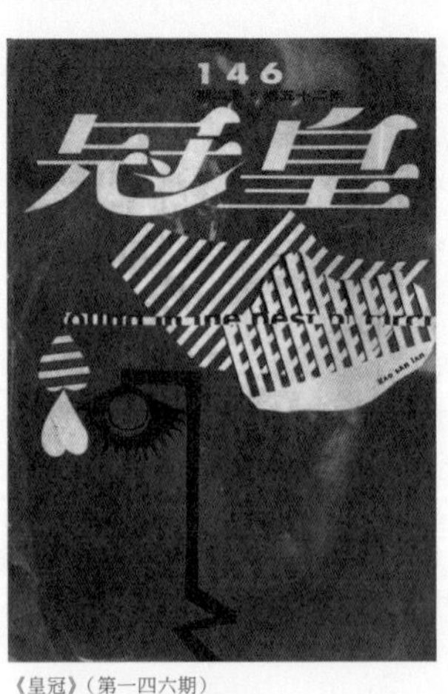

《皇冠》（第一四六期）
1966・高山嵐「濛濛的、幽幽的」

《皇冠》（第一三九期）
1965・高山嵐「閃爍的光」

除了在美國新聞處專責編輯職務以外，高山嵐仍接受了許多報紙、雜誌、電台、商行、飯店、工廠、旅行社以及航空公司的委託設計案。他悠然穿梭於封面設計、漫畫、插畫、攝影以及影視廣告之間，甚至還在台南大飯店外牆壁面上揮灑著「光」與「樂」的主題壁畫創作。

一九六二年，高山嵐聯合師大藝術系校友沈鎧、林一峰、張國雄、葉英晉、黃華成、簡錫圭等人共同舉辦戰後台灣首度美術設計「黑白展」，積極肯定了「設計家」角色之於現代文化工業的專業地位。很快地，在台灣藝術界知名度扶搖直上的高山嵐，因緣際會結識了當時首創「基本作家制度」、扶植多位文壇新手的《皇冠》雜誌社長暨《聯合報》副刊主編平鑫濤，從而開啟了一九六〇年代皇冠書系裝幀設計與插畫的「高山嵐時代」。這份淵源情誼，直到高山嵐離台赴美以後仍持續不輟。

「山嵐與《皇冠》的淵源特深，《皇冠》兩字的標準體以及Logo，都出自他的手筆，一直沿用到現在。早期《皇冠》的許多封面及插圖，也都有他豐碩的貢獻。我主編《聯合報》副刊時，他也是主要的設計者之一。」[9] 二〇〇七年，平鑫濤收到一封寄自美國的高山嵐親筆書信（附寄了十多幅美麗絕倫的畫作）之後，依然難以忘懷地追述著。

由於身兼畫家與《皇冠》專屬美術設計等多重角色，高山嵐不僅跨越學院藩籬、毅然擁抱圖書出版市場，同時亦不吝採用某些商業行銷手法來經營繪畫創作。就在《皇冠》雜誌內頁裡，高山嵐特地為其畫作公開訂定了這麼一則潤例：「不帶框，四開大，每幅新台幣四千元」[10]。

《皇冠》（第二四〇期）/1974‧高山嵐「雙十年華」

《白夢蘭》/墨人著/1964/長城出版社

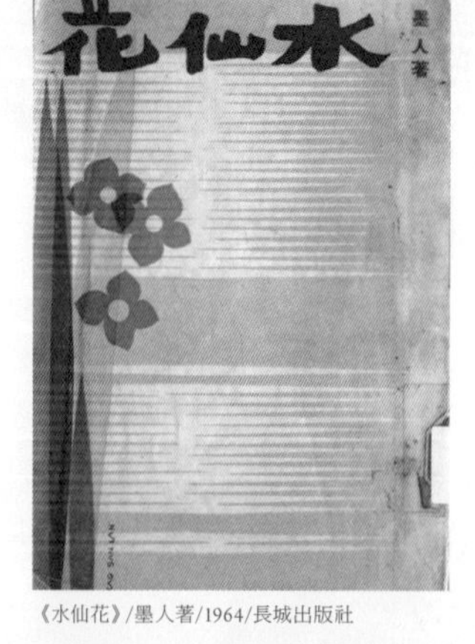

《水仙花》/墨人著/1964/長城出版社

《不歸鳥》/王黛影著/1962/大業書店

《弄潮》/郭嗣汾著/1967/長城出版社

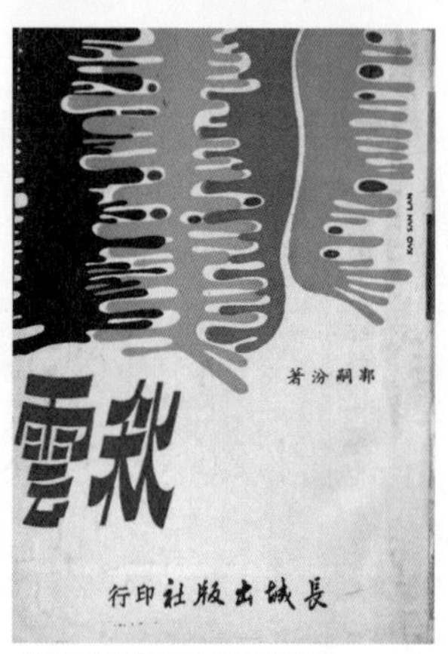

《秋雲》/郭嗣汾著/1965/長城出版社

《春去春回》/章君穀著/1965/長城出版社

為了因應美國新聞處職務所需而發展出中國傳統風味的古典裝飾圖案，在接手皇冠書系並配合讀者市場的考量下，高山嵐逐漸擺脫了過去再現古典理性藝術的形式操作，從而融入大自然生物型態的有機曲線，以花草植物為裝飾主體，創作出一種充滿浪漫氣息、明亮歡愉的造型律動。

單以書名的主題意象來看，高山嵐繪製的《不歸鳥》、《水仙花》、《白夢蘭》、《春去春回》、《秋雲》、《弄潮》、《杜鵑花落》、《金蕉園》等封面作品中，自由而流動的弧形線條概如梅枝垂柳春風飄搖，各類圖像皆不離具有柔和敏感與神秘韻味的「柔性藝術」（feminine art）範疇。它們的有機造型挾帶著如同海草、蔓藤一般的飄逸感，輕揚細挽、顫顫危危，如若有花，柔條拂水，其創作根源可直抵十九世紀末席捲歐陸的「新藝術」（art nouveau）浪潮——其表現風格主要以感性的有機曲線與非對稱架構為特徵，創作者往往鍾情於深具女性特質的圖像主題，尤其喜用有活力、波浪形的流動線條，宛若從植物裡生長出來一般。

《杜鵑花落》/郭嗣汾著/1967/長城出版社

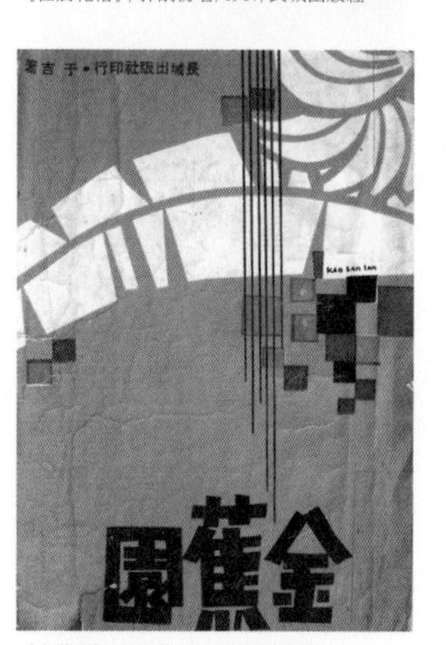

《金蕉園》/于吉著/1967/長城出版社

《靈語》/司馬中原著/1964/大業書店

在高山嵐的生花妙筆下，這些色彩鮮明、造型簡約的手繪封面設計往往帶有一種天真素質，那種天真迥異於Hello Kitty式的單純可愛，而是有一點戲謔、一些溫馨，再加上幾許童趣，有的甚至還挾有一些些文藝腔的隱晦自戀。

最初發源於英國、在短短三十年內風行歐美的新藝術運動，標誌著西方藝術由古典主義進入現代主義承前啟後的轉捩點。當時的插畫工作者側重於大自然動植物生態和歡樂活力的圖案基調，到了二十世紀初期，又再度於美國設計界醞釀創生為一股揭示「極簡寫實主義」（minimal realism）的時代面貌。

Charley Harper（一九二二～二〇〇七），這位比高山嵐更早出生了十年世代（generation）、來自美國維吉尼亞州一個農民家庭的現代插畫巨匠，終其一生熱愛取材於鳥類野生動物為創作依歸。他用色鮮明、多以簡化的幾何圖像勾畫各式各樣的樹木與飛鳥，那別具風格的圖繪作品，總是在視覺上予人一種無法以言語形容的天真無邪感受，充滿著喜悅與生命力。

《雲橋》/張漱菡著/1965/長城出版社

《貴婦與少女》/郭良蕙著/1962/長城出版社

I don't count the feathers, I just count the wings.

Charley Harper 主張以最少的元素傳達繪畫意境，他曾說過：「當我在看一隻鳥，我不會看到牠的羽毛，我只看到牠有兩隻翅膀。我把一張畫視為一個生態，在這個生態中所有元素都是互相關聯、依賴又完美地平衡著，在混亂的世界中，只有藝術家可以在畫中創造完美世界吧！」[11]

同樣咸具濃郁的童話色彩，美國一九五〇年代以插繪童書《*The Golden Book of Biology*》、福特汽車公司旗下雜誌《*Ford Times*》封面和許多海報版畫作品聲名大噪的 Charley Harper，以及台灣一九六〇年代專事大業書店、長城出版社、皇冠雜誌社、創作月刊社等文藝書刊封面設計著稱的高山嵐，他們兩人在作品之中每每包含了整體自然生態意念，且不乏幽默感兼帶孩子氣，兒童少年 fans 自是不少，更有許多成年讀者也對他們的插畫設計裡一致呈顯的那份率真深感著迷。

《創作》（第十八期）/周佐民主編/1964

《幸運草》電影海報/1970

畫而優則導

若以整體構圖論，高山嵐的封面設計雖少見一種恢宏浩瀚、大氣磅礡的紙上山河意象，但相對來說，他卻往往更擅於營造出另一份細緻宜人、恍如小橋流水的典雅形貌。

當年在平鑫濤的賞識與支持下，高山嵐透過《皇冠》雜誌書系與《聯合報》副刊園地大幅拓展其美術設計的事業版圖，除原有美編與插畫工作外，更陸續結合了文學、戲劇、影視等多元創作領域。首度破題嘗試的，是他在一九六六年與平鑫濤、劉藝、張國雄等人合作，結合文字敘述與電影圖片的創作方式，為《皇冠》雜誌編導了台灣第一部紙上電影[12]《幸運草》。該部電影後來選在阿里山實境拍攝，畫面如真如幻，並於一九七〇年五月正式上映，擔綱導演的高山嵐還因此獲頒第八屆金馬獎「最佳彩色美術設計」。

一九七六年，平鑫濤辭去聯副主編職務，與瓊瑤合組電影公司「巨星」，再度委請高山嵐執導電影《奔向彩虹》（一九七七，林青霞主演）。根據平鑫濤回憶：當年這部片「拍得似詩似夢，叫好又叫座」[13]。

《電影工作臨場錄》/劉藝著/1968/中國電影文學出版社

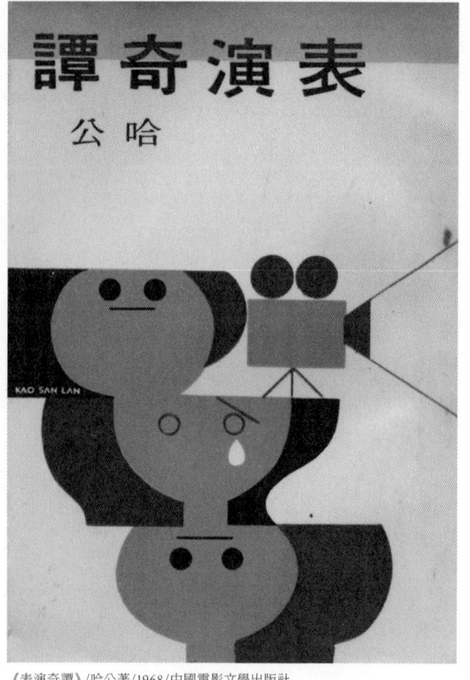

《表演奇譚》/哈公著/1968/中國電影文學出版社

因著這層緣故，高山嵐在電影界先後認識了劉藝、黃仁、魯稚子等「中國影評人協會」成員，並為他們執筆集結的電影著述設計封面。端看他替哈公《表演奇譚》設計的封面，僅以單純色塊表現出喜、怒、哀、樂等各種人物表情的逗趣模樣，即使經歷了四十多年，今日來看也仍相當地「卡哇伊」。假若高山嵐能夠活到二十一世紀、迄今持續進行設計工作，我想除了書籍裝幀與電影創作領域之外，他必定也會是個十分出色的「公仔」設計師。

現今以電影劇照或海報形式導入封面設計的前衛作風，高山嵐其實早在四十年前即首開風氣之先，甚至他在一九七〇年代《雄獅美術》月刊專欄編輯成冊的《美術設計123》中，乃更進一步針對封面設計本身提出創見：「封面不像招貼（海報）那樣適於遠觀，色彩和構圖均可強烈而簡單，」高山嵐指出：「封面是近看的，因而除了有些特別強烈能引人注目的東西外，應有細小精緻的部分，供人品賞細嚼。」[14]

《美術設計123》/高山嵐編著/1972/藝術圖書公司

《美術設計 123》一書的出版，不僅首開設計家現身說法、圖文並茂地撰述專業書籍的先河，同時也因應早期設計行業興起、美術人才逐漸走出純藝術創作而投入商業或廣告領域的時代潮流，見證了台灣美術界從舊昔裝飾或圖案畫概念，拓展至現代平面設計專業思維的過渡歷程。

一九六〇年代期間，台灣取材自文學作品的電影製作蔚為成風，尤其是瓊瑤小說，估計十年內總共二十八部文藝小說電影裡，僅瓊瑤一人就佔了十九部。昔日此類文藝片題材中，導演李翰祥對於作家無名氏有著特殊偏好，因而他的「國聯影業公司」先後將兩部長篇小說《塔裡的女人》（一九六七）、《北極風情畫》（一九六九）改編為電影。

其中，由姚鳳磬編劇、林福地導演的《塔裡的女人》宣傳海報即為高山嵐設計。畫面上，一名長髮女子的剪影輪廓隻身矗立，背後聳然入雲的高塔猶似淹沒在一陣時空流泉之中。由於當年電影票房賣座，這張海報也連帶受到坊間盜版商所青睞，擅自嫁接成為另一幅同名小說封面。按劇作家姚鳳磬的說法，「塔裡的女人」主要包含三層寓意：一是形容女主角生活在塔裡，嬌生慣養、至為尊貴；二是形容女主角的性格，以驕傲之塔鑄成自身的高貴；三是形容女主角當年作為全南京上流社會青年男子的偶像，有如位居層塔之上，美豔高貴、受人膜拜[15]。

此處揚顯的驕傲與自我意識，最終卻帶來了深沉的悲劇壓力與空虛感。小說楔子以一九三〇年代南京上流社會華麗驕奢的綺情纏綿為開場，尾聲則以戰後康定荒郊哀悼青春消褪的殘酷蒼涼做落幕。如果說，訴諸一切情節橋段以外，在高山嵐畫作裡有若干值得人們永遠珍重、能夠被保留下來的東西的話，也許唯有那輕柔流媚線條本身，所瀰漫著一股縹緲似雲煙、超脫時光與現實磨難的浪漫氣息了。

《塔裡的女人》（盜版）/無名氏著/1970/魯南出版社

《北極風情畫》/無名氏著/1969

高山嵐從早期美術界跨足至影視圈多向發展，個人事業可謂春風得意。意外的是，一九七六年間他卻在名利鼎盛之際，為求自我突破而遠赴美國，原先前往一家著名的國際藝術設計公司任職，但後來也放棄了高職高薪，專心從事繪畫創作。一九八〇年代後仍多次返台舉辦畫展，並且深受好評。晚年寓居美國的高山嵐坦承：繪畫與電影是他一生最愛，退休以後只在洛杉磯鄉間的私人畫室專注於油畫創作。

不同時代背景的書籍裝幀，分別有著各自迥異的設計風貌。一個設計家的作品與思想，往往逃不開身處時代大環境的技術侷限。高山嵐以設計家名號大放異彩的年頭，正好是戰後台灣書籍設計著重手工技藝的密集興盛階段。再早，或者再晚，高山嵐也許就不是眼前我們所認知的那位美術設計才子高山嵐了。

1 高婷齊，一九三〇，〈天中節日偶成〉，《台南新報》第一一九〇號詩壇專欄。「□羅空有遺珠淚」為原始《台南新報》膠卷檔案無法辨識該句詩文首字。

2 不著撰人，一九六四，〈藝術家高山嵐〉，《中英週刊》。

3 高山嵐，一九七二，〈土紙．童年．我〉，《各說各話第三集》，聯合報。

4 謝國鏞（一九〇八～一九七五），台南市人。一九八三年自廈門美專畢業，一九三六入東京川端畫學校人體部，光復後任台南一中美術老師，一九三八年與洪瑞麟、張萬傳、陳德旺、黃清埕等前輩合組「MOUVE藝術家協會」，一九五二年又與郭柏川、沈哲哉、張炳堂創設台南美術研究社，為台南地區培育了不少年輕畫家，如陳錦芳、高山嵐等人。

5 廖繼春（一九〇二～一九七六），台灣第一代學院派西畫家，台中豐原農家子弟，作品多次入選帝展、台展。師範學校畢業後，在未婚妻資助下於一九二四年負笈東京美術學校深造。一九二七年學成返台任職台南私立長老教會所屬中學及女校教授圖畫課。一九四六年任教台灣省立師範學院，畢生以教職終老，桃李滿天下。

6 不著撰人，一九六四，〈藝術家高山嵐〉，《中英週刊》。

7 美國駐台新聞處，原址位於台北市南海路、建國中學東面。一九五九年在台北、高雄等地成立，內部設有展覽廳與圖書館，不僅藏有諸多當代美國文學與政府的完整資料，亦為提供台灣人民深入瞭解美國民情風俗、赴美留學資訊最便捷之窗口。一九七九年中美斷交後，新聞處撤離，改稱為「美國文化中心」。

8．14 高山嵐，一九七二，《美術設計123》，藝術圖書公司。

9．13 平鑫濤，二〇〇七，〈天上來的禮物：高山嵐封面設計「展」〉，《皇冠》第六百四十期。

10 「高山嵐的畫」，一九七四，《皇冠》第二百四十期。

11 Lewis, Rick（13 June）, Wildlife Artist Charley Harper Dead at 84,（http://www.peoplelandwater.gov/people/nps_06-12-07_wildlife-artist-dead.cfm）, retrieved 30 Mar. 2009。

12 所謂「紙上電影」，屬小說類型中的一種，主要按情節進行安排角色，並拍攝成內容連續的照片，配以簡短文字說明，就像是連環的電影劇照，大陸地區則稱作「攝影小說」。

15 焦雄屏，一九九三，《改變歷史的五年──國聯電影研究》，萬象圖書。

高山嵐 年譜

1934 出生於台南。

1957 師大藝術系畢業。

1959 任職台北「美國新聞處」美術編輯。

1960 廣告設計作品「夜深沉」獲頒第二屆亞洲廣告會議舉辦廣告畫展第二獎，首次贏得國際聲譽。

1962 與師大藝術系校友沈鎧、林一峰、張國雄、葉英晉、黃華成、簡錫圭等人共同舉辦戰後台灣首度美術設計「黑白展」。

1963 擔任國立藝術專科學校「裝飾藝術科」講師，同年與台大畢業的吳美奈結婚，婚後育有一女。

1964 登上《中英週刊》第九期封面專訪人物，同年完成台南大飯店外牆的壁畫創作「光」與「樂」。

1965 開始擔任《皇冠》雜誌與「皇冠出版社」書系封面畫家。

1966 與平鑫濤、劉藝、張國雄等人合作，為皇冠雜誌社編導台灣第一部紙上電影《幸運草》。

1967 繪製無名氏小說改編電影《塔裡的女人》（姚鳳磬編劇、林福地導演）宣傳海報。

1968 開始替「中國電影文學出版社」設計一系列叢書封面。

1970 高山嵐執導，夏凡、江明、曹健主演電影《幸運草》獲頒第八屆金馬獎「最佳彩色美術設計」。

1972 在台北凌雲畫廊展出個人水彩畫作品。

1973 獲頒中華民國油畫學會金爵獎。

1976 赴美國堪薩斯市藝術學院進修，自此在美國定居。

1977 在平鑫濤與瓊瑤合組電影公司「巨星」的資助下執導電影《奔向彩虹》（林青霞主演）。

1980 在台北阿波羅畫廊舉辦首次畫作個展。

1993 在台北傳家畫廊舉辦第二次畫作個展。

1997 在台北南畫廊舉辦第三次畫作個展。

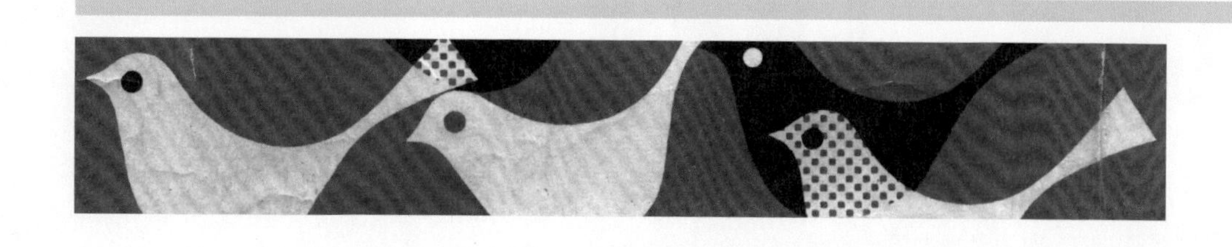

KAO SAN LAN
桐花鳳
高陽著
長城出版社印行
中外名導演集
黃仁
彩色的臉
章貞著
戊戌六君子
章君穀著
長夏
孟瑤
長城出版社印行

KAO SAN LAN
飄情集
沈野
紅葉
郭嗣汾著
長城出版社
印行
樓上
樓下
郭良蕙著
KAO SAN LAN
冬天的春天
長城出版社
郭嗣汾
KAO SAN LAN
講理
王鼎鈞 著 自由青年雜誌社印行
飄萍
繁露著
停

從鄉土走過

Coming from the native land

The Harvest Semi-Monthly and its book design by YANG Yin Fong

「豐年時代」及其書刊設計

「豐年社」海報/1952

《怎麼改進柑橘生產》
1951/中國農村復興聯合委員會編

自從近代城市文明發軔以來，農村（village）一直都是城市發展過程裡重要的參照對象。不過，「農村」一詞對於長年居住於都會區的多數民眾來說，若非源於童年回憶裡似曾相識的依稀印象，往往就是透過電影、小說、報導等各類傳播文本所衍生出不同於現實的空間想像。就位處亞洲邊緣的台灣來說，農村的破敗、保守、純樸……向來都是城市文化菁英們論及創作與思想的焦點話題。

過去嘗以「景觀雕塑」蜚聲國際的楊英風，在五十多年前作為一個默默開闢鄉土寫實藝術領域的先行者，創造出諸多讓人回味無窮的台灣早期農村圖像。特別是他在美援「中國農村復興聯合委員會」(「農復會」，後改制為今天的「農業委員會」)所屬《豐年》雜誌擔任美術編輯期間，孜孜不倦地為每一期雜誌設計封面、為內文配插圖，乃至兼任採訪與文字編輯，足跡幾乎遍佈島內各鄉鎮，堪稱見證台灣一九五○年代農業社會轉型的美術設計界先驅。

淵源北平故都的傳統薰陶

大正十五年（一九二六），楊英風出身於日治時代台灣宜蘭地方望族，童年生活在宜蘭山水的薰染下度過，使他在民間泥塑及剪紙中萌發了熱愛藝術之芽。因父母長期在中國東北、北平一帶經商之故，十三歲那年，楊前往北平就讀中學，當時在北平的台灣人同鄉經常互有聯絡往來，他與胞弟楊景天兩人，便一同拜在一九三〇年代末期、享譽中國北方平津一帶的台籍畫家郭柏川門下。

中學畢業後，楊英風赴日考入東京美術學校（今國立東京藝術大學）建築系，受到木造建築大師吉田五十八，以及有「日本現代雕塑之父」之稱的朝倉文夫兩位老師啟發，奠定了更為扎實豐富的雕塑技巧與美學認知。未及一年，又因中日戰爭結束、國內外情勢逆轉而返回北平，繼續接受郭柏川的指導而考取了輔仁大學教育學院美術系。

一九四七年四月，為履行與表姐李定的婚約，楊英風搭船回到了家鄉台灣。翌年，台灣省立師範學院增設藝術、音樂、體育三學系，楊英風考進藝術系成為該校第一屆新生。豈料海峽兩岸時局驟變，中華人民共和國於一九四九年在北京成立，楊英風父母未及逃出，從此只得與家人相隔異地；當時剛結婚的他原本打算攜妻眷再回北京念書，得知兩岸已然橫亙起政治鐵幕後，只好作罷。

就讀師院期間，楊英風開始嘗試校內刊物的美編設計，課餘兼任台大植物系標本繪圖員，並且結識了正在台大歷史系做研究的人類學者陳奇祿，也常跑去看一些研究室裡收藏的高山族文物資料，以供作畫參考。此外，為了拓展藝術眼界，他也相當勤奮地拜訪了顏水龍、藍蔭鼎、李石樵、陳夏雨、楊三郎、立石鐵臣等台灣畫壇人士。

四季平安

五穀豐登

木刻版畫「蘭嶼頭髮舞」1949

由於受到獻身田野民俗的氛圍所感染，一九四九年，當時就讀省立師範學院藝術系的青年楊英風，踏上「紅頭嶼」（蘭嶼）之鄉，創作了生平唯一以原住民為題的木刻作品「蘭嶼頭髮舞」（Hair Dance of Orchid Island），又名「青春舞」。

《東方雜誌》（復刊第四號）/1967

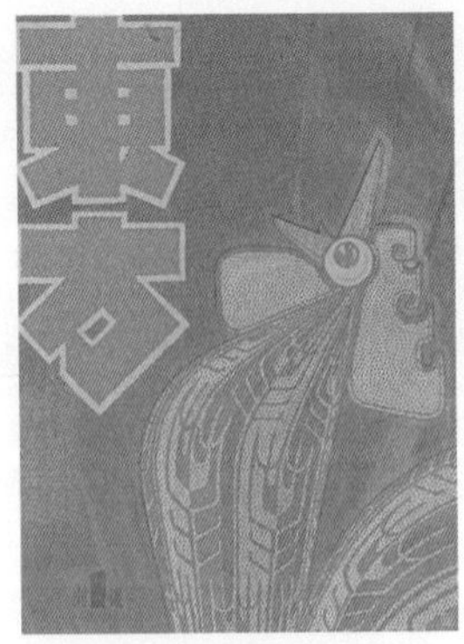
《東方雜誌》（復刊第一號）

《龍安文藝》（創刊號）/1949

《台灣民間故事第一集》/1969/東方文化供應社

《自由中國美術選集》/1952/新藝術雜誌社

《學記》（第一卷第二期）/1950

一九四九年四月二日，台灣師範學院「台語戲劇社」發行了一份三十二開五十二頁的小冊子／校園刊物《龍安文藝》創刊號，可說是楊英風初試身手的封面設計首作。刊名「龍安」二字，乃取自師院座落的龍安街為引。端詳封面刊頭，楊英風取「龍安」意象而繪製的墨綠色龍形圖紋，龍身肢體蜷曲於環形雲氣中，昂首裂口，氣勢撼人，形成非凡的賁張動感。豈料，《龍安文藝》才剛出版不到四天，就遇上了山雨欲來的「四六事件」；由於該刊執筆者當中有部分名列警備總部的拘捕黑名單，故僅發行一期便遭全數燒毀。

「為了避免彼此牽連……我們趕快收回已經發出的書及還在校內的書，集中在運動場邊的空地全部燒毀。又趕到印刷所，把留在倉庫的書全部搬到附近的草地上，點火焚燒。把辛辛苦苦出版的書，如此無情地燒掉，其時的心情正如慈母要親手殺死愛兒。因著火煙與傷感，我們滿面流著眼淚，將書一本一本投入火焰裡，數目超過一千本。其他無法回收的書，大家也不約而同，各自焚毀。」[1] 事隔五十多年後，歷經災厄而倖存的《龍安文藝》得以再度重刊面世，但昔日搬演這場「焚書記」的悲情陰影，卻始終在當事人暨社長蔡德本的心底揮之不去。

年輕時深受華夏傳統文化薰陶而趨於崇尚復古，致使楊英風往後陸續替《學記》月刊、《幼獅》月刊[2]、《東方雜誌》[3]以及《自由中國美術選集》、《台灣民間故事》等書刊設計封面，均可顯見中國古典圖像元素（諸如圖騰拓印、傳統木雕、石刻畫像、篆刻方印、龍圖鳳紋）的構成痕跡。「我在北平歸來後，繪畫與雕塑便漸漸滲入中國的形態與風格，」楊英風說：「經過幾度艱辛的摸索，從古器物中領略了造型和文字花紋的特色，於是不期而然地接受那種比較原始的抽象意味，引入創作。」[4]

譬如在一幅《東方雜誌》復刊封面的雄雞引頸長鳴圖中，楊英風藉此隱喻東方既白以為自勉，周身造型紋飾遙接古代殷商風格的樸素典雅，追求神似的同時也注重形似，表現手法細膩，象徵著楊氏內心渴盼中國現代文化的蓬勃生機。

《幼獅》（第十八卷第一期）
1963

楊英風幾度浸淫於殷商古器物之中，領略出平面造型原則。他在《幼獅》月刊（第十八卷第一期）擔綱設計的封面主題，原取自民間石雕工匠所作石獅塑像，並結合古代金石篆刻圖紋，而成為深具復古風格的裝幀作品。

投身「豐年社」的鄉土情懷

《豐年》宣傳海報/1952

一九四〇年代以降，台灣農業社會正值邁向工業社會的轉型期。到了一九五〇年，韓戰爆發，美國第七艦隊駛入台灣海峽協助防務，四十億美元的經濟援助也跟著陸續輸入。當時中美雙方早在一九四八年共同成立於南京的「農復會」時，便開始執行「美援政策」在台灣農業上的運用，在那百廢待興、民風閉塞的年代，由「農復會」發行的《豐年》雜誌，乃成了早年提供農民生活資訊的唯一管道。

在當時一般人眼裡，隸屬美援機構的「農復會」除了待遇優厚之外，最重要的是充滿了美國式的開放活力，較少沾染一般政府機構因循怠惰的官僚習氣。在那思想閉鎖的白色時代，「農復會」更是當時台灣學人得以暫時避離國府威權壓迫，同時也是美方勢力介入扶植、鞏固在台政經人才（包括學農出身的前總統李登輝在內）的重要據點。

彷彿造化弄人似地，藝術家所欲堅持的創作道路總是不能盡如人意。一九五一年，楊英風由於家中經濟因素，不得不由師院藝術系輟學；這時候，適逢宜蘭同鄉前輩畫家藍蔭鼎獲得「農復會」支持、創辦了《豐年》半月刊，並出任首任社長。當他得知楊英風正停學尋求工作時，便延請楊出任「豐年社」美術編輯。

因隸屬美援單位之故，楊英風為「豐年社」設計了一幅象徵「中美合作」、印有「HARVEST」（豐年）字樣的圖

《宜蘭縣政三年》/1954/宜蘭縣政府

《宜蘭勝蹟特刊》/1956/宜蘭縣文獻委員會

《蘭陽》（創刊號）/1975

案標章，並配搭版畫作品「神農大帝」[5]，作為《豐年》宣傳海報的構成主題。畫面中央的神農大帝表情威武，肌肉紋理剛硬，手持稻穀端坐在巨石上；圍繞神農大帝的紅色條塊上還有題字，營造出近似貼春聯的民間氣氛。

此後長達十一年（一九五一～一九六二）的編輯生涯中，楊英風不僅負責了絕大多數《豐年》的封面設計、標題文字、鄉土版畫、插畫及漫畫連載；為了專責採訪，他更是走遍了台灣各地村鎮的窮鄉僻壤，並將所見所思應用於「鄉土系列」的版畫與雕塑作品，成為「用腳創作」的開路先鋒。藉由出差下鄉之便，楊英風經常趕赴台中縣霧峰鎮——早年由北平遷到台灣的故宮博物院七十萬件瑰寶文物的臨時置放地。在這裡，楊英風有幸獲得當時正將文物開箱歸類整理的莊嚴院長的賞識與特准，貼身汲取「故宮精品在台灣」的文明精華，徜徉於優美豐富的古老文物之中。

一連串的種種機緣巧合，遂使他原先參酌中國古典風格為基調的藝術創作，逐漸沾染了台灣鄉土民俗的純樸逸趣。而由於身為宜蘭子弟之故，楊英風也曾經替第一屆民選宜蘭縣長盧纘祥設計公家出版品，包括《宜蘭縣政三年》、《宜蘭勝蹟特刊》封面以簡單流暢的筆墨線條勾勒的鄉間蘭花造型，以及取材自蘭陽八景「龜山朝日」作為設計主題的《蘭陽》雜誌創刊號。這些書刊雖非盡為名山典籍，但都因為楊英風的設計手筆而留下了永誌足跡。

《豐年》（第五卷第十三期）「霞海城隍誕辰」/1955

《豐年》（第四卷第七期）「清明」/1952

《豐年》的主要功能為傳達農業知識及台灣各地的採風擷俗，因此楊英風跑遍大城小鎮取材取景，不僅工作事業與創作志趣兩方均能兼得，其中以「鄉土寫實系列」為基調的專題封面設計——諸如「清明」描繪出農人挑著牲禮準備掃墓時揮手打招呼的溫馨景象、「霞海城隍誕辰」水彩畫呈現廟會人聲雜沓繽紛情景、「豐年壽」以豐收稻穀象徵開枝散葉推廣農業之喻、「椰葉蝗蟲」用寫真畫筆勾勒出栩栩如生的民間手藝等，更在親切題材中充滿著濃郁的鄉土情懷。

透過鄉村常見景物的象徵符號，以及充滿儒家教化的政宣文本，《豐年》的封面設計屢屢意圖彰顯所謂「光明美好」的農村進步形象：諸如畫面背景多以紅、黃色為底，顯得喜慶洋洋；人物主角則以刻畫農夫挑著扁擔滿載而歸，或是農婦拿著鐮刀、手捧滿束稻穀迎接豐收的愉悅神情。如此彷彿世間無荒年、舉目皆純樸農家的美好畫面，同時也呼應著一九六〇年代台灣導演紛紛將鏡頭對準島內好山好水、從而大肆歌詠鄉村生活的「健康寫實主義」文藝潮流。

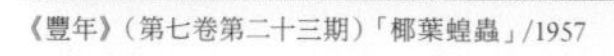
《豐年》(第七卷第二十三期)「椰葉蝗蟲」/1957

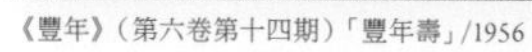
《豐年》(第六卷第十四期)「豐年壽」/1956

《豐年》(第十一卷第十四期)創刊十週年紀念/1960

《豐年》(第八卷第二十期)「增產慶雙十」/1958

嚮往現代主義 雕塑寄情

楊英風的書刊設計，除了《豐年》雜誌時期的鄉土寫實風格外，與台灣現代主義詩社同人之間，亦頗有淵源。

一九五四年，現代詩歌文學團體「藍星詩社」由覃子豪、余光中、鐘鼎文、羅門、蓉子等人共同創立，楊英風特地為其設計「藍星徽章」；其後一九五八年，楊英風更接受委託製作「藍星詩獎」獎座。透過這層關係，楊英風結識了詩人向明，因而幫他設計了詩集《雨天書》封面。在一片白色的構圖背景中，楊英風運用單純的幾何圖形，描繪出雨天濕潮促使書籍悶久長霉的抽象意境，意味著詩人的記憶亦如發霉一般，急需要太陽曝曬，表現出截然有別於鄉土寫實的現代風格。

繼《雨天書》之後，在藏書界人士眼中，論及楊英風最負盛名的詩集設計代表作，無疑應屬周夢蝶生平第一本自費印刷、交由「藍星詩社」出版的詩集《孤獨國》。該部作品封面採用的是楊英風完成於一九五〇年代的「佛教系列」雕塑——名曰「仰之彌高」。這件佛像雕塑採用極現代化的表現形式，只塑造佛的肩部以上，整體造型狹長、下寬上窄，幾乎不是一般人體比例，卻予人一種自下仰望而衍生的莊嚴形象。

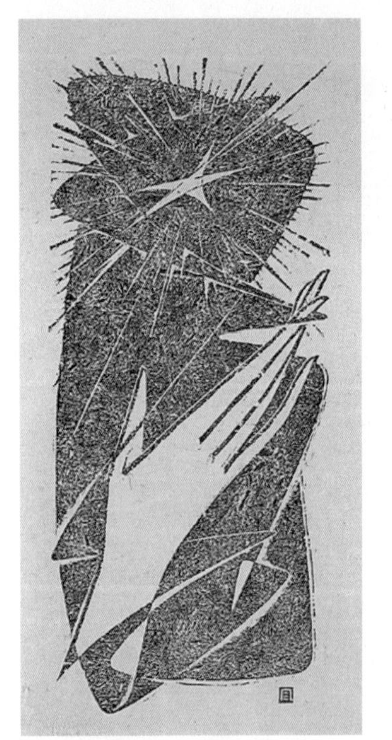

木刻版畫「藍星」/1957

《水之湄》/葉珊著/1960/藍星詩社

《無果花》/黃用著/1959/藍星詩社

《雨天書》/向明著/1959/藍星詩社

就在著手設計《雨天書》、《孤獨國》封面的一九五九這一年，正是楊英風將自己定位為中國現代、同時也是抽象藝術家的起點。歷經各種抽象繪畫技法的嘗試，楊英風開始企圖解放傳統繪畫因紀錄畫家意志而存在之筆觸侷限，捕捉墨水無意識自動吹灑的時間痕跡，創造出完全不假筆劃修飾的抽象作品。如同他為葉珊（楊牧）第一本詩集《水之湄》繪製的封面，顏料與濃墨在色版上有如受強風吹動的屋漏雨痕，紛雜狂亂、隨處潑濺溢流，星羅棋布地交織了整個畫面空間。

任職於《豐年》的一九六〇年代期間，楊英風開創的鄉土藝術未引起廣大注意；直至一九七〇年代末台灣文藝界爭相發起「鄉土文學運動」之後，才陸續把楊英風早在二十年前的版畫、雕塑作品重新發掘出來，評論家更堂皇冠以「鄉土系列」之名——就這樣，他成了台灣造型藝術界現代鄉土主義的開山祖。藝評家謝理法甚至直下註腳，認為：「台灣戰後只有楊英風的雕刀為台灣早期的鄉村及人民生活，做了一個詳細的見證」，並將他與藍蔭鼎二人，並陳為早期台灣農村最重要的創作代言人。

離開「豐年社」以後，楊英風開始脫離原先尋求鄉土逸趣的平面美術，轉而專致於經營「景觀雕塑」（lifescape sculpture）藝術，並大膽採用不銹鋼材質來創作。包括一九七〇年日本大阪萬國博覽會中國館前的「鳳凰來儀」，以及一九七三年紐約曼哈頓的「東西門」，皆為其生涯代表作。

提及「鳳凰來儀」一作，根據楊英風自述，其靈感來自於童年凝視離去的母親留下的紅色木框大鏡子——鏡框上木雕的鳳凰紋飾。這件不銹鋼雕塑的聲名遠播海內外，已故文學史研究者唐文標（一九三六～一九八五），在他去世前一年窮盡「十年光陰」編纂的《張愛玲資料大全集》[6]一書，便拿它作封面；後於一九九一年，楊英風接受台北市銀行委託，更以當年大阪萬國博覽會的作品為原型進行重製。

自一九七〇年代迄今，台灣倡議回歸鄉土的文化思潮仍是綿延層峰、波瀾四起。然而，若顧盼當年楊英風回應這些鼓吹「鄉土主義」的年輕旗手的一番說詞，卻是十足地饒有興味：「沒有勞動過的人不知勞動為何物，只從常識中知道水牛是勞動的，便以為牛可以為勞動的意義作個榜樣，我認為這種偏差思想發生在知識界裡是不足為奇的。他們從書架上掏出來的概念，加上時髦的知識良心，以為憑這兩下子就能為文藝樹立指路標，但究竟到什麼地方去呢？他們自己也不知道。」[7]

對於日後「鄉土主義」的意識型態當道，楊英風並且舉出他的秘書、同時也是作家好友劉蒼芝為例，表示：「你們剛從巴黎回來，也不到鄉下去，只在城裡過享受的生活，卻口口聲聲勞苦大眾，好像滿那個的……。結果劉蒼芝到鄉下去工作了，這些年輕朋友還留戀著城市，在咖啡廳裡對社會表現關心。」此般快人快語、毫不眷戀於往昔羈絆的自由作風，正是楊英風之所以能因應時勢、而猶保純真天性的可貴之處。

綜覽戰後台灣荒愔未明的美術設計史，楊英風無疑是眾望所歸又何其幸運。比起那些生前名聲隱晦、死後亦乏人知悉的藝術家，楊英風似乎屢屢受到當權者青睞，在每個歷史的節骨眼上總是適逢時代列車的潮流走向。不僅在世時即已享譽國際、獲得了無以數計的殊榮和獎項紀錄，就連身後亦不乏各界挹注大量學術資源，以數位方式針對各類圖文史料，進行系統化的典藏彙整。

僅只乍然一窺，舉凡水墨速寫、景觀雕塑、版畫、封面設計、獎座設計、插畫、漫畫連載等形式，楊英風的創作生涯已幾近完整地呈現在公眾眼前，是何等的巨大身影，同為求新求變的新一代設計者尤當深自省悟。

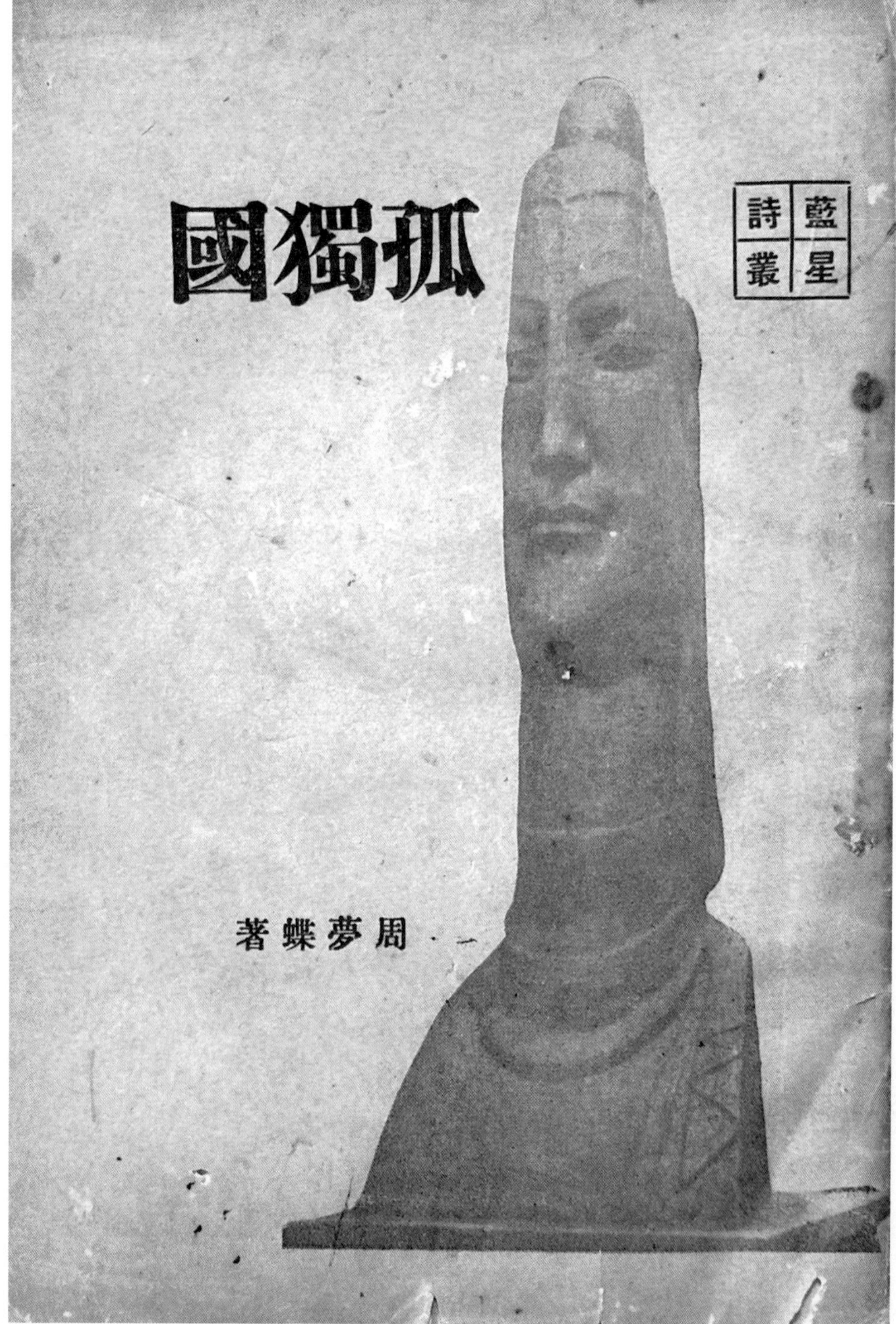

《孤獨國》/周夢蝶著/1959/藍星詩社

1 蔡德本，二〇〇三，〈《龍安文藝》終於找到了〉，《文學台灣》第四十六期。

2 《幼獅》月刊是台灣一九六〇至八〇年代重要的文藝雜誌，一九五八年十月由救國團出資二十萬將《幼獅》月刊與《幼獅文藝》、「幼獅通訊社」、「幼獅電台」合併，成為功能健全的青年文化服務機構。該月刊於一九八九年七月停刊。

3 《東方雜誌》誕生於一九〇四年，為商務印書館在中國大陸創辦最早之雜誌。自創刊以來先後停刊四次，前三次皆由於對日本之戰爭；第四次停刊，則是由於一九四九年大陸撤守之故。一九六七年，台灣商務印書館決定將其復刊。

4 楊英風，一九六四，〈靈性良知創造力〉，《藝術論壇》第一期。

5 台灣民間信仰中的醫藥之神，又稱「五穀先帝」、「五穀王」、「神農仙帝」等。他親自嚐百草、製成藥石，以醫治人民的疾病，又發明農具、教人開墾土地，耕耘種植五穀讓百姓免於饑餓病苦。農民、糧商、藥商都奉他為守護神或祖師爺。

6 據說當初張愛玲本人在美國看到此書，認為侵犯她的著作權，致使《張愛玲資料大全集》上市未久便停止發行，並準備將倉庫剩餘的四百本書銷毀。唐文標獲知後，豈能容忍他的張愛玲被「銷毀」，因而全數接收了這批書。但貨運司機卻把所有的書擺放在樓下門口就走了，當時身患鼻咽癌、身體狀況欠佳的唐文標，便獨自一人不斷來回上下樓搬書。反覆的重量擠壓，使得他身上的舊傷口破裂出血，數日後不幸在榮總辭世。

7 呂理尚（謝裡法），一九七九，〈法界・雷射・功夫——與楊英風紐約夜談〉，《藝術家》第四十六期。

楊英風 年譜

1926 出生於台灣宜蘭。

1933 就讀宜蘭公學校，在學期間受林阿坤老師啟發而展露美術才華。

1940 小學畢業，隨父母前往中國北平，就讀北平日本中等學校。

1942 日本中等學校在學期間，隨日籍老師淺井武習畫。

1944 考入日本東京美術學校建築科，受教於羅丹嫡傳弟子朝倉文夫及日本木構建築大師吉田五十八。同年因戰時日本東京局勢日益危急，休學返回北平。

1944 投筆從戎加入青年軍對日抗戰。

1945 在北平隨繪畫家教老師郭柏川習畫。

1946 重新考取輔大美術系學習油畫。

1947 返台與表姐李定結婚，並在台大植物系從事植物標本繪製工作。

1948 考入台灣省立師範學院藝術系，並參加李石樵自宅之「繪畫講習會」。

1951 因經濟問題自師院輟學，並應藍蔭鼎之邀，至農復會《豐年》雜誌擔任美術編輯。

1953 雕塑作品「驟雨」獲頒第十六屆台陽美術展覽會「台陽賞」，為生平第一座美術獎。

1955 替宜蘭雷音寺念佛會與台南湛然精舍製作「阿彌陀佛立像」，被譽為當代雕塑家從事佛像製作之首例，此後開始一系列的佛像創作。

1956 以佛像雕塑作品「仰之彌高」首次參加國際展覽「聖保羅雙年展」。

1958 與江漢東、李錫奇、陳庭詩、秦松、施驊等人創立「現代版畫會」。

1959 與顧獻樑、劉國松等人籌組「中國現代藝術中心」，並擔任召集人，於台北「美而廉」藝廊舉行第一次籌備會。

1960 召開「中國現代藝術中心」成立大會於台北歷史博物館，同年退出「現代版畫會」。

1961 辭去《豐年》雜誌美術編輯職務，開始專心經營雕塑創作。

1962 與王超光、梁雲坡、蕭松根、林振福、簡錫圭、華民、秦凱、郭萬春等人成立「中國美術設計協會」，並當選為籌備委員。

1965 就讀義大利國立羅馬大學雕塑系。

1966 進入義大利國立造幣雕刻專校進行藝術研究。

1970 創作日本大阪萬國博覽會中國館前之景觀雕塑「鳳凰來儀」。

1973 完成美國紐約市華爾街上東方海運大廈前景觀雕塑「東西門」。

1975 以藤竹雕塑與道具為雲門舞集《白蛇傳》製作舞台設計。

1989 皈依印順導師為三寶弟子，法名「宏常」。

1997 逝世於台灣新竹。

承繼那

古典餘韻

Continuing the classic legacy

The landscape suite by the poet-artist LIANG Yun Po

畫壇詩人的山水組曲

梁雲坡

一九四九年前後，國府遷台帶來了大批軍公教人員，成為日後島內重要的閱讀人口，沛然而興的「祖國熱」相繼帶動了中文出版市場。早年政戰部門即掌有出版社與報章刊物等媒體資源，本身不乏專屬美術設計人才，彼此之間亦有著固定的人脈關係。幾家重要文學出版者如「文壇社」[1]、「重光文藝出版社」[2]、「紅藍出版社」[3]等，大多以刊印懷鄉憶舊、反共抗俄等相關書刊為主。

一九五〇年代期間，正逢國府播遷的頭十年，時局動盪，形勢低迷，隨軍來台的一百五十萬新移民人心惶惶，不知未來安身立命之處究竟在何方？而在青年畫家們高舉現代藝術革命旗幟之前，彼時繪畫創作多半淪為配合政令宣導的意識型態工具，所謂「戰史畫」，乃成為一種深具特定政治意識型態的時代產物。傳統水墨畫家在蔣家政權保護下漸成畫壇主流，透過鼓吹反共號角與復興中華文化的雙管政策，日益穩固學院與沙龍美術的主導權。

《棘心》/蘇雪林著/1957/光啟出版社

《三色堇》/張秀亞著/1952/重光文藝出版社

《船》/張自英著/1952/當代青年出版社

台灣戰後初期以「愛國畫家」（或稱「御用畫家」）之姿在國民黨政權下聲望最隆者，莫過於被稱作「藝壇三傑」的梁氏昆仲（梁鼎銘[4]、梁中銘[5]、梁又銘[6]）。早自北伐戰爭期間，梁氏三兄弟即於黃埔軍校北伐軍總政治部負責美術工作，先後編纂《黃埔畫報》、《革命畫報》、《陣中畫報》。長兄梁鼎銘於一九四八年來台以後，奉命主持北投政戰學校藝術系，梁家自此幾乎操控了島內藝術界半壁江山。他們不僅家世豐厚、生活無虞，再加上與蔣家政權彼此契合的緊密關係，更使得梁氏姻親家族左右逢源，既有錢又懂得如何追求精緻藝術來豐富生活。

當時文藝界著名的封面畫家梁雲坡，與妻子梁丹丰（梁鼎銘之女）同屬台灣畫壇聲勢顯赫的梁氏家族成員。相較於同時期來自杭州藝專、一路苦學成才的設計家廖未林，梁雲坡出身北平藝專且擁有豐厚的家世背景，其設計圖繪作品總帶著一股濃郁不離身的遺老文風。以古典書畫傳統為精神泉源，梁雲坡繪製的封面恒常銘刻著大時代的工筆鑿痕，可謂反映一九五、六〇年代台灣文學書刊面貌的裝幀經典。

《餘音》/徐鍾珮著/1961/重光文藝出版社

從書香世家到北平藝專的藝術初蒙

《碎葉集》/梁雲坡著/1954/中山出版社

梁雲坡原籍河北省高陽縣，本名梁在正（兄長梁在平為古箏名家），五歲時因東北「九一八事變」而舉家搬遷到北平定居。十二歲時，身為大學教授的父親，將藏在河北老家夾壁牆裡的大批珍版線裝書，運到北平儲書室；凡二十多箱書冊，從地下到屋頂四處堆得書滿為患。在延請私塾先生教導古文詩詞之下，當年的梁雲坡便在此「疊書為榻、選書為枕」的環境中度過了年少歲月。受業期間自承修習《爾雅》、《說文解字》等經書根柢未成，倒也能背誦唐詩百首以上，於此奠定了想要成為一名詩人的懵懂念頭。

這份執著於追求「詩」藝術的誠摯意念，不僅讓梁雲坡以「詩」為媒介踏入繪畫領域，日後更成了他一生尋覓不盡、直教人以生死許之的永恆目標。在梁雲坡繪製《餘音》、《碎葉集》、《意難忘》等封面畫像裡，只見身影清癯的少女踽踽獨行，或目睹伊人獨憔悴地虔誠默禱，微光搖曳如夢，卻都是他潛意識想像當中亟欲以身殉情、並化作堅強靈魂的繆思女神形象。

《誓》/王宇清著/1958/改造出版社

《心園》/孟瑤著/1953/暢流出版社

《沈思錄》/思果著/1957/光啟出版社

少年時期的梁雲坡曾夢想當一個作家，經常背著私塾老師偷看《西廂記》、《金瓶梅》、《三國演義》等古本小說，且為之神魂顛倒、如癡如醉。後來待十七歲投考大學時，由於主科數學掛零，後來聽說「北平藝術專科學校」不考數學，方得有幸勉強考取。

入學北平藝專西畫系期間，梁雲坡極力推崇現代西洋繪畫，並對於傳統中國繪畫表示完全無法接受。特別是「素描」這一門課，他認為從單色的素描訓練中，不僅可以認識光和色差、形體和結構、排列與組合，亦能促使觀察、心意、動作連貫一致，正如傳統書法訓練一樣，具有多重效果。當素描功力日漸湛深之後，有關「解剖、透視以及色彩學」難題不但迎刃而解，同時「**對於一切造型美術都會具有極高的鑑賞力**」[7]。

當年受教於藝專校長徐悲鴻、系主任吳作人門下，梁雲坡曾對課堂上畫馬（動物）解剖素描深感乏味，甚至極端排斥。此般積習偏見所致，直到他戰後來台從事封面設計繪圖，大多仍喜以植物山水入景，而少有取動物為題。爾後，他先後追隨溥心畬、黃賓虹學山水畫，課餘時也兼習小提琴，並透過大量自修閱讀養成了固定寫作習慣，可謂「作畫、寫詩、演奏」三者並進。

《歸鴻集》/蘇雪林著/1955/暢流半月刊社

《下弦月》/張自英著/1957/反共出版社

自西徂東
回歸中國古典詩畫傳統

一九四八年，國共內戰形勢逆轉，國民黨軍隊在中國北方逐漸失利，甫自藝專畢業的梁雲坡決心離開北平老家，動身前往嚮往已久的杭州藝專。

「我自覺是被上天眷顧的人，在離開大陸之前，得有機緣在杭州藝專住了幾個月，畫沒畫幾張，與二三好友天天遊湖，」梁雲坡猶帶感懷地訴說著：「我們這些窮學生的最大樂趣，就是黃昏時，坐在小孤山的放鶴亭（詩人林通故居）聊天，對著後山別墅的一片燈光，和隱隱約約的人物，作些『不平』之鳴。」[8]

這趟杭州遠遊，即便過了四十多年後，依舊是梁雲坡心中最為感銘的一段刻骨印象。當年他酣遊西湖畔、飽覽「兩三星火是瓜州」的畫意幽情之餘，結識了當時仍在藝專就學的妻子梁丹手，後來還為此寫下〈西湖之戀〉一詩：

《飛向海湄》王祿松著
1974 水芙蓉出版社

相較於西方以黃金分割為造型基礎的美學觀，中國傳統書畫佐以皓月、山水、流雲為題的「立軸」或「長卷」形式，為讓景物打破一般焦點透視法局限，其構圖往往不循西方講究的黃金比例，用以表達畫者的主觀情趣，使之步步有景，景隨人移，形成一種隨著視覺流動而延伸開展的散點透視觀。

類似兼融東西方古典美學的設計構圖，可見於梁雲坡為王祿松散文集《飛向海湄》繪製封面所示：「馱一輪大琉璃的滿月，拍著海藍的翅膀，豁琅琅的飛掠過春天的雲頭。」

很久了
我怕談西湖
想西湖
夢西湖
如果
有一天
西湖在我四邊
我將心跳而死[9]

煙雨迷濛之中，參雜著點點舟子漁燈與月色在湖上漂浮的縹緲景致，乃成了他往後繪製蘇雪林《歸鴻集》、張自英《下弦月》、王祿松《飛向海湄》等書籍封面的情感源頭。其中收有多篇追憶早年中國女畫家方君璧、凌叔華、孫多慈等文章的《歸鴻集》一書，作者蘇雪林甚至形容，它簡直就像個資質平庸的女兒穿了件漂亮衣衫出門！

《中國詩選》/墨人、彭邦楨編選/1951/大業書店

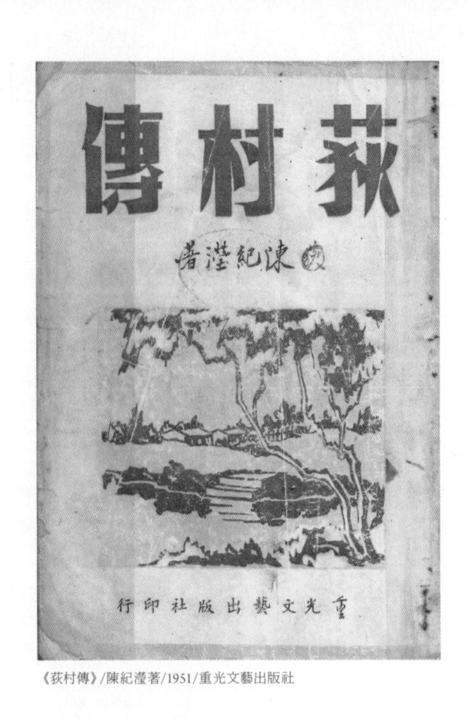

《荻村傳》/陳紀瀅著/1951/重光文藝出版社

豈料此番杭州行旅未待結束，國民黨軍隊卻在戰場節節敗退，終至全面撤離大陸，梁雲坡便以流亡學生身分渡海來台。當時在黨政高層一片檢討聲浪中，過於輕忽「文藝政策」，乃被認為是導致內戰失利的主要根源，遂由此展開一連串「反共文藝」政策加諸思想控制。

一九五〇年，張道藩首先創設「中華文藝獎金委員會」（文獎會），掀起反共文藝熱潮序幕。同年五月成立的「中國文藝協會」（文協），則交由被視為反共文學代言者的「重光文藝出版社」發行人陳紀瀅領銜。所謂「反共文學」，不僅依賴國家權力將作家們收編在黨國體制下，同時也透過視覺圖像的意識型態來規範藝術創作。一九五〇年代任何一個作家一旦被「文協」所摒棄，即形同被放逐在台灣文壇之外。

當年透過「文協」居間媒介，陳紀瀅首部長篇小說《荻村傳》封面便交由梁雲坡繪製，這也是他來台後從事美術設計的第一個正式作品。小說背景所在地「荻村」先後見證了民國創建、抗日戰爭、國共內戰等烽火波折，梁雲坡首度嘗試以傳統毛筆、宣紙的丹青墨彩勾勒出中國北方農村的象徵典型，畫面裡一縷追懷故土人情的黯淡鄉愁，彷彿自畫筆下流洩而出。多年以後，相對於陳紀瀅另一反共小說代表作《赤地》封面，梁雲坡則是採用十九世紀歐洲印象派描摹光影的油畫寫生筆法，不斷向上堆疊層峰的烈焰紅色，鋪陳出大時代烽火的往事與苦難，在沈緬低吟之中緩緩浮現。

《赤地》陳紀瀅著
1955 重光文藝出版社

在反共文藝論述主導下，陳紀瀅以長篇小說《赤地》極力鋪陳國民黨歷經國共內戰挫敗乃至大陸失據的微言大義。小說篇章分別以「赤」與「藍」作為敵我分明、正邪對立的隱喻色彩，字字句句控訴著神州故土因遭共黨赤禍而導致一片「春燕回來無棲處，赤地千里少人煙」的淒慘景象。

約莫一九五〇至一九五三年間，島內「反共詩歌」日見蓬勃，乃成為台灣文壇特殊景象。一九五一年，墨人、彭邦楨主編《中國詩選》（大業書店），收錄了葛賢寧、鍾雷、上官予、墨人、紀弦、余光中、鐘鼎文，覃子豪，彭邦楨等三十二家詩作，均附有個人小傳與照片，可說是戰後台灣第一本名家詩選。其中特別是梁雲坡精心繪製的封面圖樣，包括背景V字型底圖，正中央的矗立火炬以及騎馬者剪影的旗幟飄揚等，無一不散發出濃郁而鮮明的黨國時代氣氛。

根據梁氏的說法，早年台灣文藝書刊非常稀少，打印出來的油墨品質也頗差，可以說是因陋就簡；然而那時身為「文協」理事長的陳紀瀅，卻對其小說《荻村傳》、《赤地》等封面印製效果相當滿意。有了「文協」這層委任關係，梁雲坡陸續結識了更多來自各界的文學作家，其封面設計作品主要散見於重光文藝出版社、暢流半月刊社、大業書店、文壇社、今日婦女、光啟出版社等發行單位。

《亂世忠貞》/鄧綏甯編/1958/改造出版社

《破曉》/風雷著/1952/周振中印行

若以一九五二年出版的反共小說《破曉》為例，當時一幅封面畫的潤筆價碼大約三百元左右。繪製完稿時間長約一個禮拜，快則一兩個鐘頭內即可完成。為了使封面主題適切映襯出書籍內容，梁雲坡大多會在落筆之前翻讀冊頁、瀏覽內容，據此勾畫出主題架構，接著再以毛筆蘸取廣告顏料繪製完稿。

論及一九五、六〇年代台灣最具知名度與口碑的封面畫家，非廖未林或梁雲坡莫屬。兩人不僅皆曾獲頒美術創作領域「金爵獎」名銜，甚至在「文協」亦幾度見過。

「我當時畫封面只是一個權宜之計，因為那時候結婚有了生活負擔，」晚年梁雲坡回憶道：「實際上，我覺得廖未林跟朱嘯秋在這方面的成就遠高於我，尤其是廖未林，是我很欽佩的一個設計家。特別在美術設計的技藝上，廖未林畢竟還是技高一籌。」[10]

面臨藝術創作與商業設計的兩相取捨，自嘲西畫基礎不如廖未林功底堅實的梁雲坡認為，若純以繪畫創作為生，則「生活」與「畫藝」兩者皆難進步，因此反倒不如把現實和理想分開，改以美術設計為生，而將水墨畫視為另一超脫現實羈絆的理想目標。如此一來，便可不管市場、不問愛憎、不計毀譽，而能以快樂來衡量生命價值。

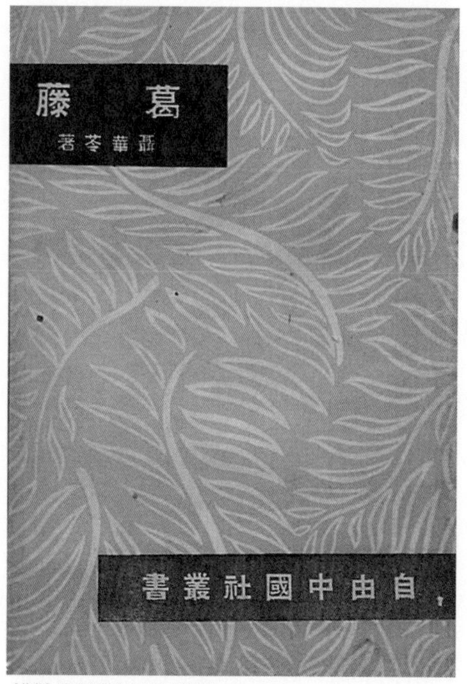

《葛藤》/聶華苓著/1956/自由中國社

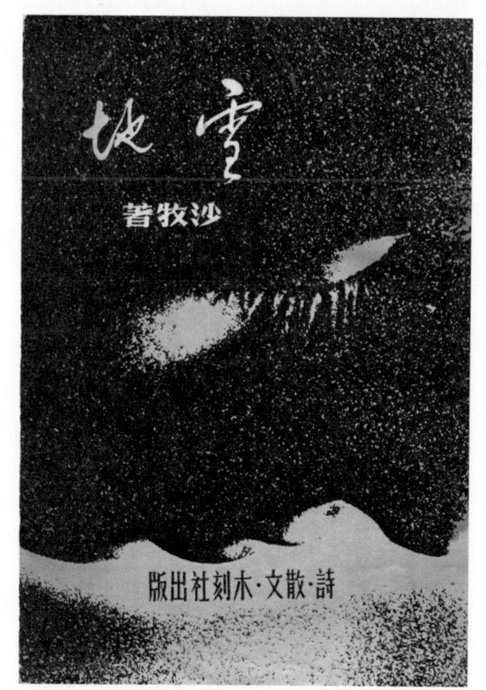

《雪地》/沙牧著/1963/詩·散文·木刻社

《魔障》/墨人著/1958/暢流半月刊社

《讀與寫》/蘇雪林著/1959/光啟出版社

《期待》/梁雲坡著/1988/梁在正自印

寄寓於圖畫山水的音樂組曲

自幼深受中西古典文化薰陶，梁雲坡在中年過後，開始有偏嗜中國「文人畫」旨趣的美學傾向。約莫四十歲那年，原本獨尊西畫的梁雲坡，突然體悟到藝術本身不能只作為一種紀錄，因而毅然重新回歸中國古典繪畫傳統，並且重拾舊日情懷，開始迷戀起線裝書、二王書法、唐宋詩詞等傳統藝術。閒暇之餘喜以山川草木來表達「詩中有畫，畫中有詩」的抒情意境，雖並不呆板地專以模仿自然為能事，卻執著地將近乎雲霧溟濛的圖畫場景，視為「詩畫合一」的最高表現。

某種程度上來說，梁雲坡直把美術設計視為回歸傳統古典文化的一條路徑。易言之，即奉中國傳統書畫為宗，以「氣韻生動、融畫入影」為圭臬。這種情況很像西方文藝復興時期，文人本身既是有才華的畫家，同時也精通詩文與書法，使得原本從滿足裝飾機能的圖像設計，昇華為一種具有自由創作理念的獨立藝術。

《女作家自傳》/吳裕民編選/1972/中美文化出版社

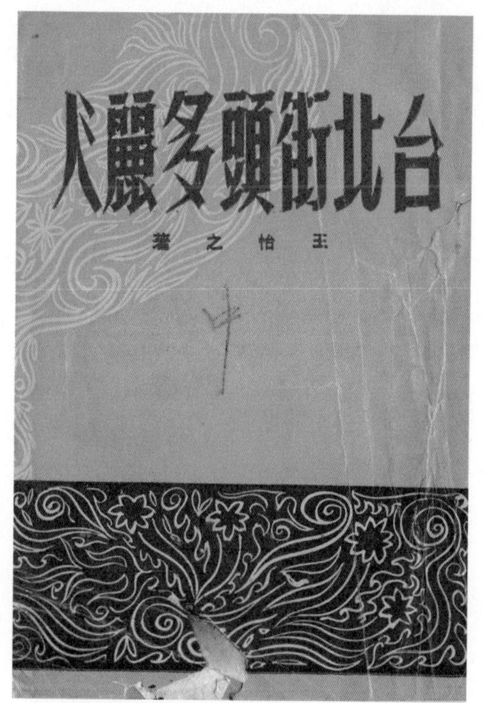

《台北街頭多麗人》/王怡之著/1955/紅藍出版社

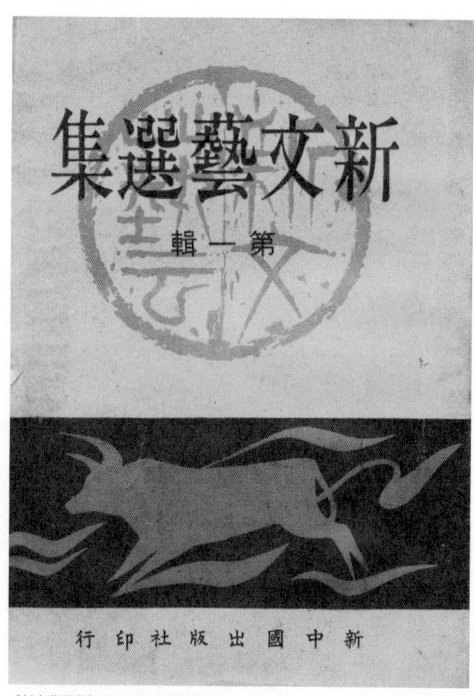

《新文藝選集》/1978/新中國出版社

《意難忘》/張漱菡著/1958/暢流半月刊社

《冷泉心影》/鍾梅音著/1951/重光文藝出版社

《千佛山之戀》/劉枋著/1955/今日婦女出版社

在視覺語彙上，梁雲坡往往將自然界最常見的景致加以抽象簡化，成為不具陰影的平塗色塊（比如徐鍾珮的《我在台北》、陳紀瀅的《寄海外甯兒》、趙友培的《文藝書簡》、蘇雪林的《天馬集》、Henry Bordeaux的《羊毛衫》、王祿松的《狂飆的年代》等封面），讓這些色塊在不穩定中求穩定，其間展現出一種柔和漸變的過渡。這樣畫出來的作品就有一種氣韻充盈在裡面，瀰漫著風痕和水氣。

此外，梁雲坡又把西洋繪畫裡常見的「倒影」手法融入，且不留痕跡地保留中國水墨畫所強調陰晴濃淡、虛實疏密、留白等處理方式。在《冷泉心影》、《千佛山之戀》、《歸鴻集》、《下弦月》等封面當中，皆不乏臨近山峰水岸的倒影構圖，無論船或山巒，都好像凌空吊在書刊方寸的畫幅裡，恍然真有「分明看見青山頂，船在青山頂上行」的水墨意境。

平日生活除卻寫詩及作畫之外，梁雲坡同時也是一個極端的古典音樂愛好者，繪畫時不僅經常聽音樂來做背景，並逐漸從中認知所謂「抽象畫」應具有如古典音樂架構的美學規律。談及古典音樂與美術設計之間的關聯性，梁雲坡表示：「我最初想要把它規律化、韻律化……就好像音樂的音階、旋律跟線條，在這裡存有一種韻律、一種排列組合的原創精神。」[11]

《我在台北》/徐鍾珮著/1951/重光文藝出版社

《寄海外甯兒》/陳紀瀅著/1952/重光文藝出版社

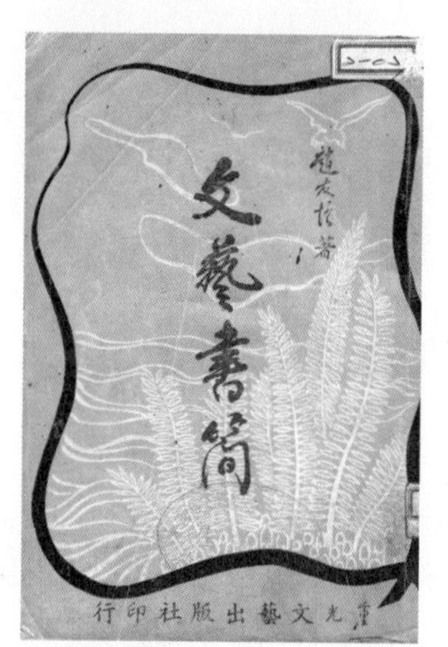

《文藝書簡》/趙友培著/1952/重光文藝出版社

《狂飆的年代》/王祿松著/1975/水芙蓉出版社

《羊毛衫》/Henry Bordeaux著、趙雅博譯/1957/光啟出版社

《天馬集》/蘇雪林著/1957/三民書局

《茹茵散文集》/茹茵著/1954/重光文藝出版社

《魔鬼的契約》/艾雯著/1955/人文出版社

或許，正因為他畢生對於書畫與音樂等古典藝術的這份戀戀情懷，即使是在某些傾向現代風格的文學作品，如《茹茵散文集》、艾雯的《魔鬼的契約》、Nicholas Cardinal Wiseman 的翻譯小說《碧血紅顏》等封面當中，亦可見梁雲坡如同音樂節奏般的抽象造型散置其間。

針對未來美術設計者的基本職能，梁雲坡大抵認為：「畫家不一定是設計人，但是設計人必須是畫家。」[12] 其本身不僅需培養足夠的造型創作、分析和組合色彩的能力，以及視覺上的敏銳鑑別力；除此之外，最重要的一點，優秀的美術設計者更隨時要有勇氣接受陌生的設計內容，且能密切重視時代的潮流演變。

所謂「往者已矣」，歷史發展總是讓人深刻體會時間流逝的無情變遷。台灣出版界進入一九七〇年代以後，隨著封面攝影技術迅速普及，梁氏水墨風格所象徵的古典藝術薪火很快便愈趨疲弱。在年輕一輩的前衛藝術家如龍思良、黃華成眼中，現代藝術與設計攝影乃為新興時尚的創作工具，梁雲坡所屬時代風格儼然成了僅供懷舊的「過去式」。以往著重山水詩畫之傳統雖不至完全湮滅斷絕，但如今身處西潮鼎盛、和洋交錯的全球化時代，似乎也難再獨踞當代美術設計潮流的風口浪尖。

小說叢刊之五

碧血紅顏

韋思曼著
朱瑾章譯

光啓出版社發行

《碧血紅顏》/Nicholas Cardinal Wiseman著、朱瑾章譯/1958/光啟出版社

1 一九五二年六月，作家穆中南（筆名穆穆）創辦《文壇》雜誌，社址就在台北永和中正路上，起初為不定期出刊。當時為響應國民黨推行「文化清潔運動」與「戰鬥文藝」政策，穆中南率先於一九五五年出版一套十本的「戰鬥文藝叢書」。自一九六四年《文壇》改為穩定的月刊發行後，首批二十本「文壇每月文叢」採低價策略陸續上市，一百頁的書，每本定價三元，比同時期的書便宜一半以上。一九六五年十月適逢台灣光復二十週年紀念，「文壇社」趁勢推出一套十冊鍾肇政主編的「本省籍作家作品選集」。從一九五〇年代到七〇年代經營期間，「文壇社」總計出版一百五十六種叢書。

2 一九五〇年十一月由陳紀瀅、徐鍾佩、趙友培、耿修業、陸寒波等藝文界人士共同創立，經營期間（一九五一～一九七七）共出版近六十本書，其宗旨與目標主要在於宣揚國民黨反共文藝政策，出版類型多以長短篇小說為大宗，兼及散文、雜文、詩集與翻譯作品，堪稱一九五〇年代經營最久、發行量最大且囊括最多作家的文學出版社。

3 一九四五年中日戰爭末期，由作家王藍與袁涓秋夫婦倆共同創立於四川重慶，出版社取名「紅藍」，乃因袁涓秋極喜紅色而王藍一向鍾情藍色之故。抗戰勝利後，他們不但相偕回北京，並且把「紅藍出版社」帶回擴大經營，為了方便藝文界朋友有個相聚場所，更在社內成立了作家與藝術家的文化沙龍，業務也蒸蒸日上。當時除了再版重慶時的印書，還為張秀亞出版了第一本小說《珂蘿佐女郎》，以及謝冰瑩的《女兵十年》等書。隨著一九四九年國共分治，王藍夫婦輾轉來到台灣，於一九五四年再度把「紅藍出版社」重新在台北永和竹林路家中成立。

4 梁鼎銘（一八九五～一九五九），字協燊，廣東順德人，中國現代畫家。一九二〇年代曾為上海英美菸草公司繪製月份牌年畫。一九二六年受聘於廣州黃埔軍官學校，編輯革命畫報。歷任軍校教官、軍事委員會設計委員等職。

5 梁中銘（一九〇六～一九九四），字協武，幼隨兄習畫，一九二七年，在廣州黃埔入伍生政治部《入伍生》畫報任職。一九三二年任軍事委員會政訓處中校藝術股長。一九四三年編《抗戰忠勇史畫》。抗日戰爭勝利後，任國防部新聞局少將專員。一九四九年到台灣後，任《中央日報》主筆，兼政治作戰幹部學校藝術系教授。出版有《中銘漫畫集》。

6 梁又銘（一九〇五～一九八五），字協文，幼隨兄學畫，一九二六年任廣州中央軍事政治學校中尉繪圖員。一九四九年到台灣，任《圖畫時報》社長，曾作反共漫畫《土包子下江南》。一九五九年任政治作戰幹部學校藝術系主任。作品有《中國空軍抗戰史畫》、《抗戰連軍》、《正氣歌圖》等。

7　梁雲坡，一九八九，〈學詩學畫瑣憶〉，《美感與刺激》，光復書局。

8　梁雲坡，一九八九，《燈火》，采風出版社。

9　梁雲坡，一九五四，〈西湖之戀〉，《碎葉集》，中山出版社。

10・11　二〇〇八・四・十二，梁雲坡訪談，台北永和「梁雲坡自宅」。

12　梁雲坡，一九八九，〈淺談美術設計〉，《美感與刺激》，光復書局。

梁雲坡 年譜

1927 出生於河北高陽。

1931 東北爆發「九一八事變」，全家搬遷到北平定居。

1938 父親將藏在河北老家牆壁裡的二十幾箱線裝書運到北平新居，梁雲坡自書「枕書齋」三字懸在房內。

1940 四哥病逝，排行老五的梁雲坡返家奔喪。

1941 沉迷於西洋古典音樂，並開始全心全意學習小提琴。

1943 在北平考大學，因數學不及格而入北平藝專。

1944 抗戰期間因藝專同學多人被日本憲兵逮補，乃沿津浦鐵路隻身逃難到濟南，客宿「東關淨居寺」。

1946 重新考取輔大美術系學習油畫。

1947 自國立北平藝專畢業。

1948 中國國民黨在東北戰事失利、形勢逆轉，遂決心前往嚮往已久的杭州藝專。

1949 共軍橫渡長江，倉皇間以流亡學生身分搭滬杭甬鐵路回上海搭飛機來台，自此定居台北永和。

1951 繪製陳紀瀅長篇小說《荻村傳》封面，是為在台第一個正式設計作品。

1953 參加省教育會主辦小提琴比賽，當時戴粹倫為評審委員。

1954 出版個人第一部詩歌作品《碎葉集》。

1955 開始在《婦友》雜誌封底繪製一系列描述「共匪強迫婦女勞動慘劇」的相關政治宣傳畫。

1958 出版第二部詩歌作品《射手》。

1966 突然重拾舊日情懷而迷戀起線裝書、二王書法、唐宋詩詞等傳統藝術。

1972 妻子梁丹丰每年寒暑假開始周遊列國旅行繪畫，三個兒女生活起居皆由梁雲坡一手包辦。

1984 前往美國波士頓探訪女兒，並獲加州文化學院贈予名譽博士學位。

1988 自費出版詩畫作品集《期待》。

1997 編纂《重修臺灣省通志》卷十藝文志藝術篇，撰寫本省美術史及總論三十萬言。

2005 聘任為台北縣南山中學董事會顧問。

2006 梁在平、梁雲坡在台北舉行書畫聯展，並將珍藏畫作三十五幅捐贈國泰人壽慈善基金會。

2009 病逝台北永和。

寄寓質樸生命的舞踊姿態

Gestures of the dancing doll with mundane life

The editor and designer CHU Hsiao Chiu

文壇編輯設計家

朱嘯秋

所謂「書籍裝幀」（book binding），大抵包含一本書從開本、字體、版面、插圖、封面，以及紙張質料、印刷和裝訂的整體設計過程。若以現代出版業職能分工而論，又有「封面設計」（cover design）與「版面設計」（typography design）之別。封面設計乃為書籍臉面，設計者必須按題立意，在短時間內透過鮮明強烈的視覺語彙，來誘導人們的購買慾望。但相對來說，版面設計卻是讀者親入書籍內容的一連串「視覺際遇」（visual experience）開端，得要長期維繫著一種讓人舒緩耐看的圖文風貌。

台灣早年從事書刊插繪工作的藝術家如廖未林、梁雲坡、楊英風、高山嵐等人，絕大多數概屬「封面設計」畛域。至於戰後首度以全盤「版面設計」賦予台灣出版界一番革新面貌者，曾於一九六、七〇年代執掌《文壇》季刊編務、人稱「朱老編」的木刻家朱嘯秋，無疑當屬第一人。

身兼詩文創作、編輯發行、木刻繪畫等多方面才華，無論以過去或現在的標準而論，朱嘯秋皆可謂極其難得的全方位編輯設計家。作家張騰蛟曾說：「每每看到大開本的雜誌時，就會想到朱嘯秋」[1]，即源自他在一九六〇年代初期接連創辦刊物《詩・散文・木刻》和《青年俱樂部》，獨具風貌的版面設計予人極深刻印象，不僅替當時文藝類雜誌開創出一種趨向「美術化」的編輯取向，特別是刊印內容著重十六開本「大空間留白」的版式風格，更促使同時期其他書刊起而仿效，十多年間幾乎形成了小說家朱西甯津津樂道的「朱嘯秋時代」[2]。

《青年俱樂部》（創刊號）/1964

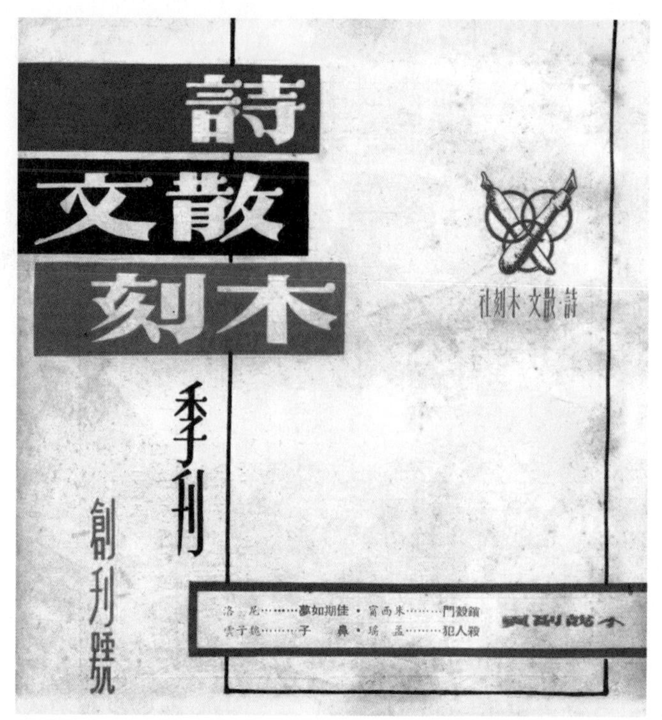

《詩·散文·木刻》（創刊號）/1961

《春城》/姜貴著/1963/東方圖書公司

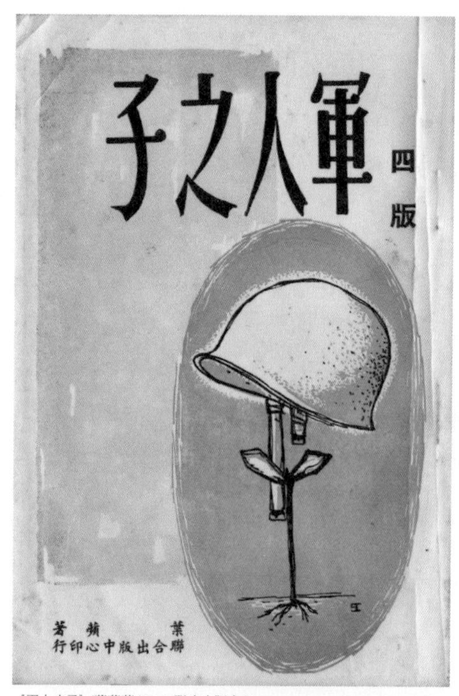

《軍人之子》/葉蘋著/1962/聯合出版中心

軍旅行伍的木刻生涯

朱嘯秋的祖籍在安徽省歙縣，自古即為名墨產地，地靈松鬱、墨香瀰漫，似已在無形中遙指著他日後投身木刻版畫領域綻放異彩的天資稟賦。

自幼在福州一地出生成長的他，十五歲那年正逢日本侵華，戰火硝煙四起，抗戰期間陸續在福州當地《南方日報》、《林森日報》、《閩海正報》從事新聞與文藝編輯工作，先後使用趙無忌、蕭秋等四十個以上不同筆名發表文章；業餘則投入木刻藝術創作，與陳庭詩俱為早期閩省知名的版畫家。

提及畢生最難忘情的木刻初體驗：當年朱嘯秋在福建編纂一份地方報紙，為了版面美編的實際需要，製鋅版既不方便，刻字工人刻圖畫又不理想，於是便迫著自己動手操刀苦學。對此，他始終頗為謙虛地表示：「我有自知之明，一直就把自己看成一個木刻圈裡的票友……有人給他機會時也就粉墨登場唱一兩齣。」[3]

由私立福建學院畢業後，朱嘯秋隨即投筆從戎、擔任軍中文藝康樂與對匪心戰工作，來台後更奉獻於國民黨官辦新聞事業，度過了三十多年行伍生涯至官拜上校退役。在藝文界朋友眼中，經常穿著一襲軍裝的朱嘯秋顯得英姿勃勃，外表像是體格壯碩的北方大漢，心思體貼細膩卻似溫文儒雅的江南書生。

《重陽》/姜貴著/1961/作品出版社

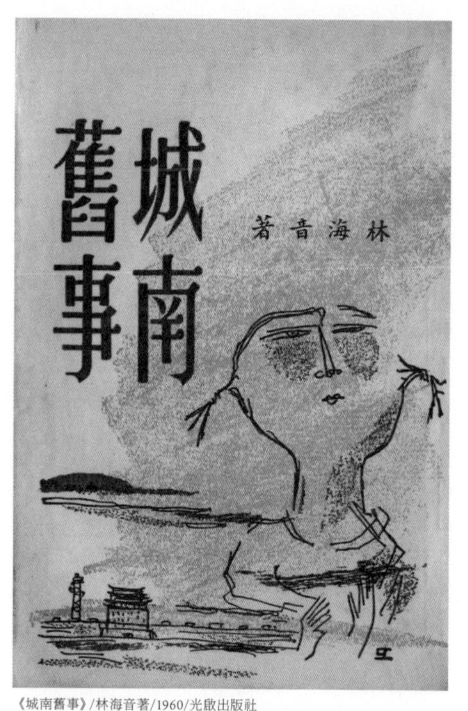

《城南舊事》/林海音著/1960/光啟出版社

服務於憲兵單位的朱嘯秋來台甚早，當時他專責主編軍報和軍中刊物，就在台灣光復未久的一九四六年五月間，朱嘯秋攜妻女一家自福建乘帆船東渡，赴台就任《諍友報》編務工作。約莫一九四八至一九五一年間，國府政權在大陸情勢江河日下，朱嘯秋陸續在中央、新生等報刊發表了近四百幅反共政宣漫畫，爾後集結出版為《愛與憎》、《戰士的話》等畫冊。此外，國防部於一九五〇年另行成立「中國藝術協會」，鼓吹軍中文藝運動，藉以剷除左翼思想在台的餘緒，而木刻版畫則被倡導以提升戰鬥意志為創作母題。

戰後戒嚴體制下的台灣文化，混融著糾雜的懷鄉情緒與反共意識，譬如陳紀瀅的《荻村傳》、姜貴的《重陽》、《旋風》、潘人木的《蓮漪表妹》皆為當時最具代表性的反共文藝作品。在時代浪潮下，相對於傳統國粹派畫家偏好的懷鄉水墨繪畫，版畫界以台北「政工幹校」為核心——呼應反共文藝風潮的「戰鬥木刻」，遂成了一九五〇年代台灣藝術創作主流。時任政戰軍職的朱嘯秋，便與方向、陳庭詩、黃歌川、陳洪甄、陳其茂等人共同參與揭發中共統治民不聊生以及歌頌自由台灣安和樂利的戰鬥木刻運動，這段期間的木刻作品陸續彙編為《嘯秋木刻集》、《西望集》出版。

戰鬥木刻「旗」/游天郎/1955

《戰鬥木刻》/刁平編著/1955/北開出版社・版畫/刁平

沿襲著戰鬥木刻的思維，早年朱嘯秋由此發想的書籍設計，諸如穆穆的《圈套》、尼洛的《咆哮荒塚》、墨人的《孤島長虹》等封面構圖，仍不脫以固定版型配搭上既有插畫作品；或如張秀亞《感情的花朵》採固定花紋樣式進行設計，其套用裝飾成分大過於原創意念。爾後稍具創作新意者，僅以司馬中原的長篇小說《荒原》封面為例，朱嘯秋雖仍保有刀法精練、構圖簡扼、對比鮮明的版畫風貌，卻已然更富整體設計意念：他運用青黃冷暖色調對比，來表現書裡中國北方農村歷經戰爭過後荒涼廣闊的山川景緻，由湖畔山水間緩緩昇起的灰色鄉愁緊密對應著書名「荒原」二字，共同形成了一片瑰麗飽滿的裝幀色澤。

上述由朱嘯秋設計封面的早期書籍，若是只看書影圖片，無論如何都很難具體感受，當年大量使用凸版和油墨印刷呈現古典細部的特有觸覺味道。愈往後期發展的他，偏好個人化藝術取向的設計風格也愈趨明顯。

《孤島長虹》/墨人著/1959/文壇社

《咆哮荒塚》/尼洛著/1959/文壇社

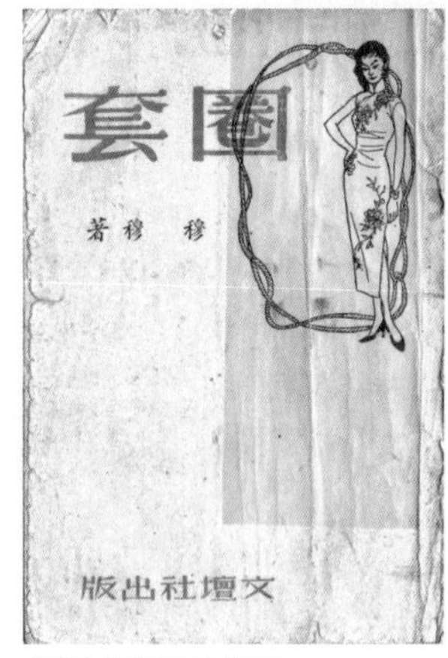

《圈套》/穆穆著/1958/文壇社

《荒原》/司馬中原著/1963/大業書店

《感情的花朵》/張秀亞著/1962/文壇社

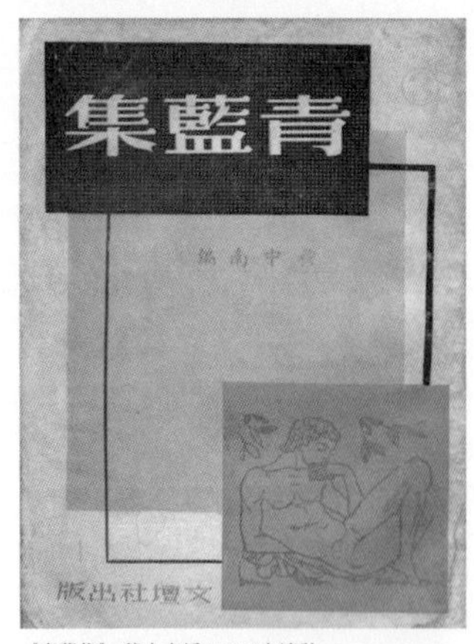

《青藍集》/穆中南編/1960/文壇社

《寫作的境界》/穆中南著/1961/文壇社

編輯台上的圖文樂章

昔日國府軍隊自大陸撤退之初，持著流亡學生身分從軍來台者眾多，形成了台灣軍中文藝青年的主要族群。當他們生活逐漸安定下來後，便轉而亟於求知、充實自我，利用操課餘暇讀書寫作，因而遂有「中華文藝函授學校」[4]之催生。

一九五八年元月，嘗以一介文人作家之姿創辦「文壇社」的穆中南，設立了「文壇函授學校」且兼辦軍中文藝函授小說班，幾乎取代原「中華文藝函授學校」的角色與地位。當時此類「文藝函授班」不僅滿足了無數青年學子的渴求，更是在營軍人學習寫作技藝、繼而與外界社會接軌的重要途徑。旗下所屬《文壇》季刊即以「文藝函授班」學生為主要讀者群，開班期間發行量最大時高達兩萬一千份。

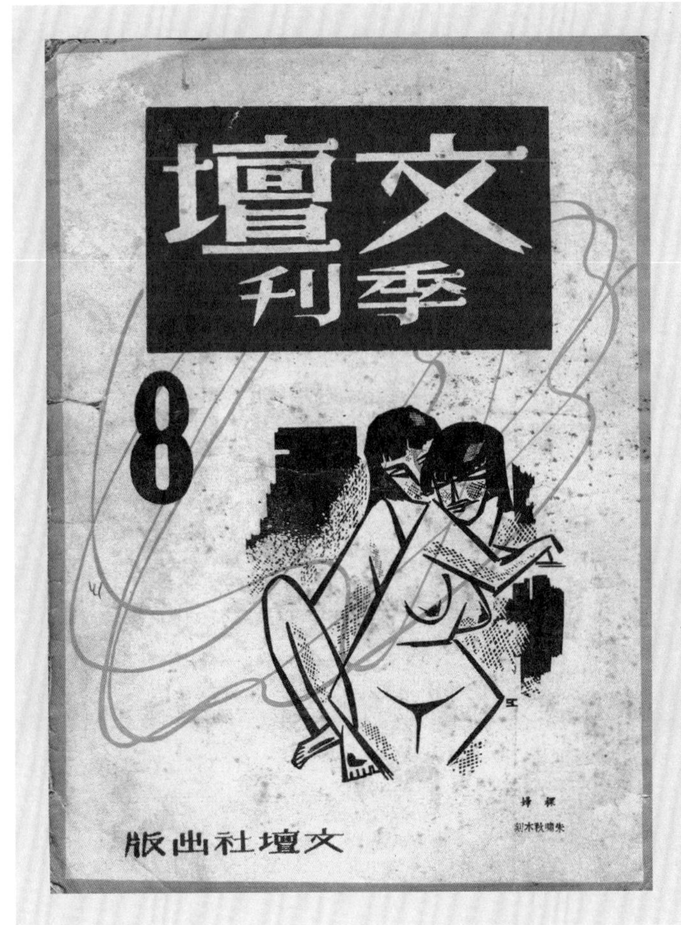

《文壇》（第八期）
1959
版畫/朱嘯秋「裸婦」

以粉紅色調為背景的封面木刻畫，似為兩名裸身長髮女子相互磨鬢依偎，可謂台灣早期表現女同志之戀的罕見圖像創作。

《文壇》（第九期）/1959・版畫/朱嘯秋「台北西門町」

《文壇》（第七期）/1959・版畫/朱嘯秋「海灘」

《文壇》（第一期）/1957・版畫/B. W. John「月的女神」

「江畔」/三色套版木刻/朱嘯秋 作/1961

在此之前，穆中南原已受託到「中國文藝協會」任總幹事，分身乏術之餘打算將《文壇》就此停刊，於是他找來了甫接任主編職務的朱嘯秋，合作策劃最後一期終刊號。他們不計成本盡情發揮的結果，於一九五七年二月出版了一百九十頁的《文壇》特大號。豈料出刊後讀者迴響遠超出預期，首版三千本不久便銷售一空。因而在十個月後（一九五七年十一月），重新推出了第一號的《文壇》季刊，不僅延續了刊物生命，更逐步奠定《文壇》注重大開本設計的「朱式版面」典型風格。

「早年很多人編刊物時，鼻子眼睛擠在一起，生怕浪費篇幅，」當年曾經共同參與編纂《青年俱樂部》的作家老友田原說：「老朱從無小家氣，編排得恰到好處，不浪費又大方……他對平版活版印刷全懂，能下工廠，技工對他不敢馬虎。」[5]直到朱嘯秋出現以前，不唯一般雜誌書刊，即便是主流文藝刊物亦不甚重視版面美化，其編排版型大抵不脫報紙樣式，諸如版面行間擠塞不堪、天地窄小、標題刊頭粗糙點綴等，種種如今看來簡陋至極的作法，當年卻被視為理所當然，無人想要突破。

·朱嘯秋主編·

詩·散文·木刻

季刊

·創刊號·

中華民國五十年七月十五日出版

驟雨　耳氏木刻

木刻選粹

↑郊　·陳其茂作·

↑向新文藝運動的目標邁進　·方向作·

↑隔屋　·胡四維作·

→鹿　·何政廣作·

（42）——詩·散文·木刻

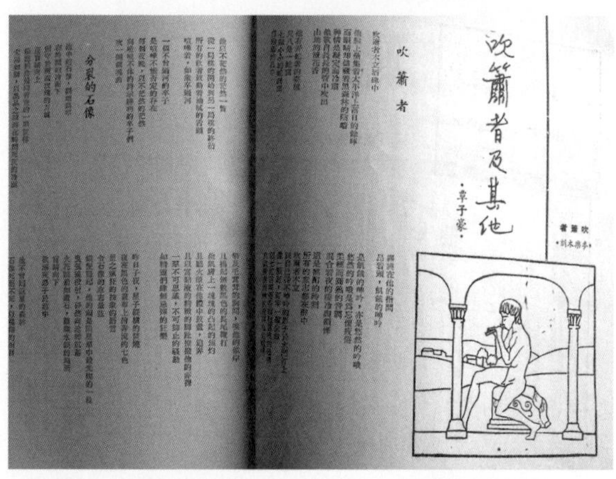
吹簫者及其他

·卓子豪·

吹簫者

分裂的石像

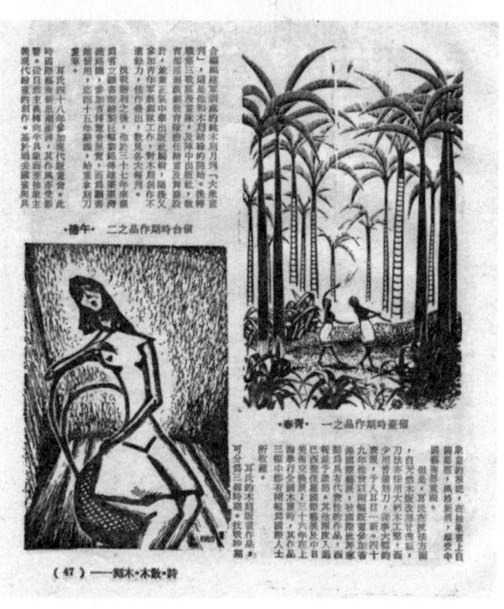
·午睡·　個人時期作品之二

·青春·　個人時期作品之一

（47）——詩·散文·木刻

二、鳳凰

三、南窗

四、百合

鐵路與百合（木刻）　陳其茂作·

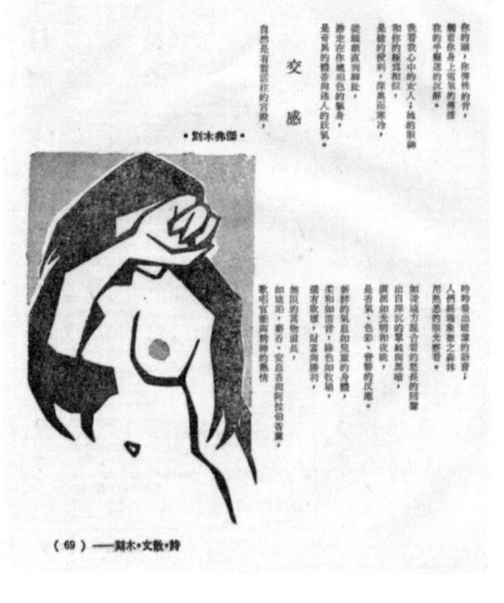
交感

（69）——詩·散文·木刻

《詩·散文·木刻》內頁版面

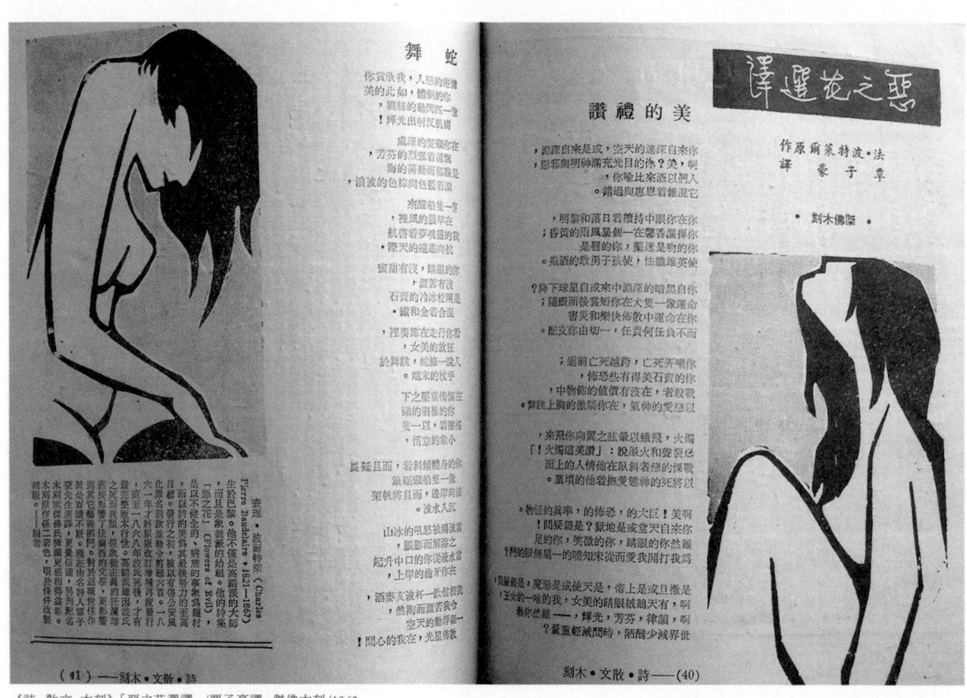

《詩·散文·木刻》「惡之花選譯」/覃子豪譯、傑佛木刻/1962

在當時，《文壇》季刊確是恰如其名地為島內僅有的大型文藝刊物，這無疑給予朱嘯秋極大的施展空間。於是，自一九五六年接編之後，朱嘯秋除了開始大量運用收藏多年的世界名畫照片與自身創作的木刻版畫來配置文章標題外，他更透過闊達適切的留白手法，使版面變得十分高雅生動，編排技術既新且美，令人嘆為觀止。即便一般文章方塊，在那十六開本的「朱式版面」竟也風光無限、與眾不同。

倘若將此一重量級篇幅的《文壇》季刊，視為朱嘯秋初嘗版面設計創新實驗的文藝陣地，那麼他在一九六一年獨自創辦的二十開本、趨近正方形橫長版面的《詩·散文·木刻》季刊，更是讓他達到得心應手、充分發揮版面構思的設計生涯代表作。

俗話說：「太似則媚俗，不似則欺世」，對朱嘯秋而言，繪畫完全是一種抽象觀念，創作時順著內心情感，而不抄襲物體原貌。於是，他便將圖案變形、倒置、誇張及創新，同時匯聚了內涵、表相及獨有的內在情感。見諸《詩·散文·木刻》冊頁當中，鉛印文字與版畫圖像兩者業已徹底結合，而得出另一全新的裝幀面貌；使得人們尚未讀透詩與散文之前，即已詩意滿懷。

《大壩》/鍾肇政著/1964/文壇社

《詩·散文·木刻》（第二期）/1961

古往今來的歷史事件總留下諸多矛盾與荒謬，當年包含《詩．散文．木刻》以及《青年俱樂部》等由朱嘯秋先後創辦的文藝刊物雖曾名動一時，然而根據當時文友們的說法：由於「曲高和寡」之故（換言之，意即「好書不長命」的另一番陳腔濫調），也幾乎都撐不過兩年期限。「這些刊物無一不美、無一不是高格調，」小說家朱西甯為此打趣地調侃：「但可惜，卻也都無一不短命。」

簡鍊純粹的詩意鳴動

自一九五一至一九六〇這十年間，朱嘯秋自承大約經手過一百七、八十種封面設計，當時他總認為：「自己作品在那上面雖僅屬陪襯，似乎總有『與有榮焉』之感。」[6] 直到一九八五年《文壇》正式宣告停刊之前，朱嘯秋仍陸續替作家文友們繪製封面作品。

歸結朱嘯秋畢生從事編輯、設計文藝刊物的美學成就，約略包含三方面特色：一、源自木刻版宋體、變幻無窮的各種圖案字；二、他自創一體的圖案畫，隨筆便是傑作，使得封面繪畫不僅是附屬，且具備獨立欣賞的藝術價值；三、源自木刻版畫的構思，從現代西方繪畫的幾何造型當中，衍生出傳統東方韻味的古典情致。

大體而論，朱嘯秋的木刻版畫自成一格，豪邁之中帶有細功夫。版面設計則以寬闊舒緩為美，隨處落得從容不迫、錯落有致。相較之下，他在封面設計領域的表現便益發顯得質樸坦率、大氣磅礴。

《女人的事》/郭良蕙著/1963/大業書店

《心鎖》/郭良蕙著/1962/大業書店

《多色河畔》/蕭白著/1984/水芙蓉出版社

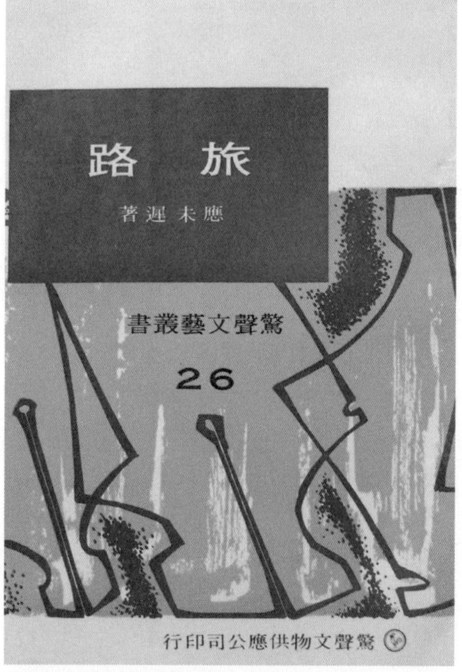

《旅路》/應未遲著/1973/驚聲文物供應公司

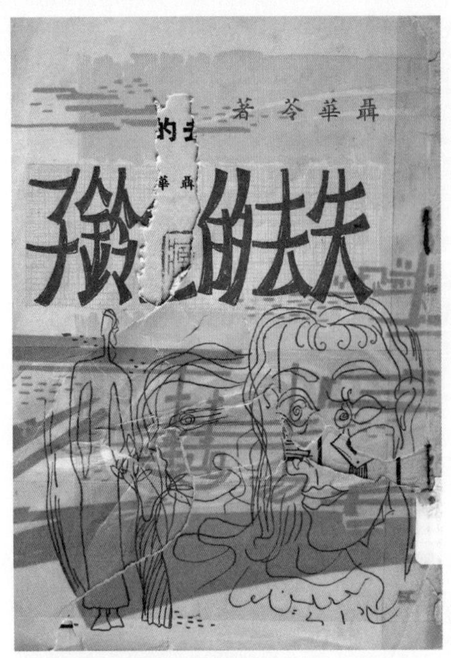

《失去的金鈴子》/聶華苓著/1961/學生書局

《高連長》/魏希文著/1960/民間知識出版社

朱嘯秋手執畫筆與紙張的兩相遭遇，就像雕刻家力握斧鑿與石頭的撞擊，具有層次造型各異、彼此激盪糾結的雜揉性質。對於天際彩雲情有獨鍾的他，往往從成朵的古典雲飾圖案當中，衍化出現代平面造型元素，創造出巧妙的動極而靜的氣勢，兼具繁複與單純、秩序與隨機。諸如《高連長》、《失去的金鈴子》、《臺灣紀遊》、《茹茵散文集》、《小說技巧舉隅》、《曼陀羅》、《海鷗集》等封面作品，均飄散著各種不同色彩質感的雲朵形象。即便是《失鳴鳥》封面那隻振翅遨遊的藍色飛鳥，也隱約帶有天上雲彩的幻化痕跡——粉淡明亮的柔和色彩，彷彿要將三度空間壓縮成二度平面，在被幾何拆解卻又依稀可辨的形體中慢慢擴散，層層交疊渲染、相互溶接。

《失鳴鳥》/法國米爾等著、黎烈文譯/1964/重光文藝出版社

《臺灣紀遊》/朱介凡著/1961/復興出版社

《茹茵散文集》/茹茵著/1961/重光文藝出版社

《海鷗集》/董正之著/1969/台灣民主憲政雜誌社

《曼陀羅》/張秀亞著/1965/光啟出版社

《小說技巧舉隅》/王鼎鈞著/1963/光啟出版社

《新文藝》/朱西甯主編/1962/新中國出版社

《玉雕集》/柏楊著/1962/平原出版社

依照畫壇詩人梁雲坡晚年評價朱嘯秋所言：「他的封面畫作比較有衝擊力，是一種內在的力，就是我們中國人講的氣勢，他的畫有他的氣勢，就是有時候讓你感覺到澎湃，就是有這種打動人心的衝擊力。」[7]

比起同一時期梁雲坡崇尚古典山水的靜態風景圖繪，朱嘯秋嚮往原始主義幻想風格的造型筆觸，往往更加單純且兼具動態力道，甚至運用顏色的交疊排列顯現出跳躍的立體感，無形中流露一種「生之喜悅」的奇特躍動，讓人如臨其境地般，想要與畫中主角共舞。

朱嘯秋以粗黑線條隨筆勾勒的封面人物，個個身形瘦長，乍看之下或許並不怎麼美，甚至有些粗糙地像是幼稚孩童的信筆塗鴉，卻每每讓我聯想起小說家卡夫卡私人畫冊裡，個個肢體纖細的人形速寫。他們身上沒有濃豔色彩，也看不清臉孔面貌的具體情緒，只有看似狂歡舞蹈的眩動姿態。

《朝陽》/田原著/1964/文壇社

《琰如散文集》/王琰如著/1963/光啟出版社

「他們從黑暗中來，也將遁失於黑暗」，卡夫卡說。

封面設計者在市井喧囂中創造出一片寧靜雅緻的自我天地固屬不易，能夠維繫構圖活潑動態而經久耐看者尤為難得。最初以軍中戰鬥木刻起家、歷經反共文藝熱潮以及西方現代藝術洗禮，朱嘯秋畢生從事封面設計創作，雖無法自外於歷史大環境的時代烙印，卻在自我建構的方寸天地當中，保留了物體的抽象形式。透過匠心獨運、樸拙童稚的靈動筆觸，朱嘯秋似已達到了一種動中取靜、思慮清澄的和諧共鳴境界。

1・5 田原等人，一九八〇，〈我所認識的朱嘯秋〉，《中華文藝》第一百一十三期。

2 莊原，一九八〇，〈朱嘯秋是過河卒子〉，《中華文藝》第一百一十三期。

3・6 朱嘯秋，一九六〇，〈十載虛度〉，《文藝生活》，中國文藝協會。

4 一九五三年八月，留學法國的文學博士李辰冬首次以「中華文藝函授學校」之名登報招生，設有小說班（謝冰瑩）、國文進修班（梁容若）、詩歌班（覃子豪），並於一九五四年元月正式開課。

7 二〇〇八・四・十二，梁雲坡訪談，台北永和「梁雲坡自宅」。

朱嘯秋 年譜

1923 生於安徽歙縣。

1938 在福建《大成日報》發表生平第一篇作品—獨幕劇「悟」，此後經常在閩、贛各大報刊發表作品。

1941 在福建《南方日報》副刊每週刊出「老朱隨筆」專欄，同時開始學習製作木刻版畫。

1946 為主編台灣當地一份小型報刊《諍友報》，而自福建搭船來台。同年出版散文集《老朱隨筆》（南國出版社）。

1952 主編軍中刊物《憲兵雜誌》。

1955 出版《嘯秋木刻集》（文壇戰鬥文藝叢書）。

1956 繼劉枋之後接任《文壇》季刊主編。

1957 卸下《憲兵雜誌》編務，調任國防部「新中國出版社」。

1959 兼任《世界畫刊》編務。

1960 文壇函授學校編纂《青藍集》，朱嘯秋繪製封面設計。

1961 創辦《詩．散文．木刻》季刊。

1963 創辦《青年俱樂部》季刊，並任職於國防部。

1965 出版木刻作品《西望集》（文壇社）。

1970 與版畫家方向、周映、陳其茂等人共同發起成立「中國版畫學會」。

1972 轉入影視界，出任「中國電影製片廠」廠長，任內攝製《女兵日記》、《寒流》等影片，鼓吹反共與黨化教育。

1976 三台首次在晚上九點，聯播由朱嘯秋擔任製片，趙群、夏祖輝、陳國章、徐一功聯合導演的反共連續劇「寒流」。

1978 《文壇》發行第二一一期，創辦人穆中南正式退休，改由朱嘯秋任社長兼發行人，影響力已大不如前。

1984 首次返回福建福州老家探親。

1985 《文壇》正式宣告停刊。

刀筆下的木刻紀事

Chronicles by woodcut with the knife-pen

Random notes on the bookcover design by CHEN Chi Mao

書封面雜記

陳其茂

自古以來，書籍設計和版畫藝術即有著親密的血脈關係，唐宋雕版印刷書籍和明代木版插圖，盡皆造就了藏諸名山的美學典範。一九五、六〇年代，台灣由於物質印刷條件極其匱乏，當時透過《中央日報》、《文藝月報》等副刊園地澆灌下，簡致樸實的木刻封面既便於印刷又有強烈的藝術感染力，一度蔚為書籍設計的主流形式。

現代木刻版畫發展從黑白到彩色，從寫實到抽象，不同的版種技術與材料質感產生不同的畫面肌理效果，使版畫藝術語言越來越豐富。而與版畫藝術一脈相承的書籍設計，受到現代版畫語言影響的痕跡也更加明顯。

早自一九二八年起，魯迅即與柔石、崔真吾、王方仁等人在上海組織文學團體「朝花社」，並且編印出版美術叢刊《藝苑朝華》[1]，陸續譯介歐俄現代藝術理論及美術圖冊，首倡「創作木刻」概念。一九三一年八月，魯迅更積極籌劃主持「木刻講習班」，聘請日本版畫家內山嘉吉為教師，替學員們講解基本的木刻技法。此外，他也經常執筆操刀替自己的著作設計封面，豎立了中國現代木刻運動以及美術設計的里程碑。

在台灣，則有身兼散文家、小說家、詩人等多重角色的版畫家陳其茂，執著於木刻藝術創作凡三十餘年，並將木刻語言大量運用在書籍封面設計上。藝文界朋友們稱他為「台灣現代版畫的拓荒者」，而曾經替陳其茂自撰《卡卜里島的太陽》遊記寫序的散文家羅蘭則形容他：「有一雙善於觀察、長於取景的眼睛，有一支善於構圖與著色的筆。」[2] 對於陳其茂來說，一個民族的文藝、繪畫與文字之間，往往具有某種程度的同構性。

《飄走的瓣式球》/蔡文甫著/1966/光啟出版社

《秋池畔》/張秀亞著/1966/光啟出版社

從「原野之春」到「青春之歌」

《白鷺之歌》/蕭白著/1968/光啟出版社

木刻版畫在十九世紀末、二十世紀初的西方藝術當中，有非常興盛的發展。它以刀筆線條所刻畫出的樸拙質地，絕然不同於水彩與油畫著重色彩炫麗之美。雖說不利於表現如詩如畫的優雅筆調，但直率簡潔、剛健分明的寫實技法，卻能恰如其分地記錄了生命的卑屈與困苦。

一九四五年中日戰爭結束後，日本遺留在台灣的印刷設施及出版業，有一部分由民間繼續經營。此時在陳儀主政下，中國大陸各地的木刻版畫家（如黃榮燦、朱鳴岡、麥非、王麥桿、汪刃鋒、戴鐵郎等人）紛紛接受國府招聘來到台灣。當時報紙副刊除了大量引介中國的文學作品外，圖版方面則幾乎清一色使用木刻版畫。然而，到了一九四七年，由於受「二二八事件」的波及，這些木刻家們多被懷疑具有左傾思想而無法見容於當局，很快便又一個個地離開。當時除了《台灣新生報》由歌雷主編「橋」副刊、《中央日報》「婦女與家庭」版、《青年戰士報》以及《野風》月刊之外，台灣報章雜誌很少能刊載木刻版畫。

處在國共對峙的政治高壓氛圍下，甫自「廈門美術專科學校」[3]畢業的陳其茂最初為一家報社編畫刊，因編排需要而開始刻木刻，並以二十幅版畫印成第一本木刻畫集《血流》。待抗戰勝利來台，陳其茂原本打算就此捨卻木刻技藝，但由於一九四七年的一場學涯際遇而有了改變：當年他應聘為花蓮師專教師，鎮日沉浸於東台灣山川美景以及原住民的淳樸人情；透過花東景致的洗滌與感召，讓他逐步拾起擱置在箱底已生鏽了的雕刻刀，以刀筆技藝刻畫出一幅幅鄉村風土素描。

《千山之外》/喻麗清著/1967/光啟出版社

《青春之歌》/1953/虹橋出版社

《文藝列車》（創刊號）/古之紅、郭良蕙等主編/1953

一九五二年春天，《新藝術》雜誌創辦人何鐵華舉辦「自由中國美展」，邀請陳其茂提供木刻作品參展，結果以一小幅木刻版畫「春」得到金牌獎。該年，同時也是陳其茂木刻作品產量最多的一年，主要包括有描述山地風土的「原野之春」、帶有抒情風格的「青春之歌」等系列木口木版畫（wood engraving）[4]創作。這類描刻細膩的個別作品充滿了濃郁鄉土氣息，令人感到親切與溫馨。

「老實說，對木刻我未經好好學習過，對於它的興趣卻不減於繪畫，」陳其茂尤感謙懷地表示：「起先我拿木刻裝飾藝術，偶爾作成，從不肯多下一分工夫。有時以一種夢幻的、抒情的格調來構成一種平面的裝飾趣味……版畫『春』的得獎給我莫大的鼓勵。從此，我便虛心地在木刻方面作更進一步的探求，再不把那份濃厚的興趣輕輕擱置了。」[5]

一九五三年，《文藝列車》雜誌於嘉義市創刊，陳其茂與古之紅、郭良蕙等人擔任主編。該刊封面由陳其茂負責規劃，這是他開始嘗試現代書籍設計的最早作品。在構成上，高舉反共抗俄、文藝復興大旗的《文藝列車》封面，只採用單色（紅色）套印，置於畫面中央的木刻刊名四個大字直接破題而入，天地上下端的兩列火車剪影彼此對向而過，每節車廂上皆畫有一對筆頭與子彈，象徵當時「軍中文藝」政策倡導筆桿與槍桿結合的理念，將識字不多的軍人培養成既能肩扛槍桿上陣、又擅提筆

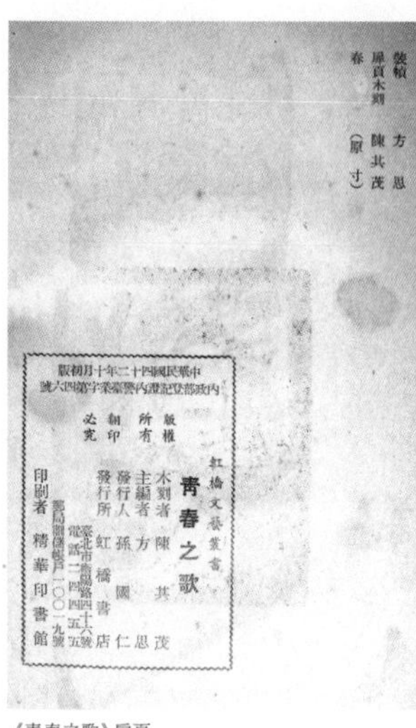
裝幀　方思
扉頁木刻　陳其茂
春（原寸）

中華民國四十二年十月初版
內政部登記證內警臺業字第四六號

版權所有　翻印必究

虹橋文藝叢書
青春之歌
木刻者　陳其茂
主編者　方思
發行人　孫國仁
發行所　虹橋書店
臺北市衡陽路四十六號
電話二四四五五
郵局劃撥帳戶一〇〇一九號
印刷者　精華印書館

《青春之歌》扉頁

《青春之歌》內頁

文門的「筆部隊」。

就在同一年，「救國團寫作協會」在台北舉辦陳其茂與方向的木刻個展。展覽前夕，主編虹橋文藝叢書的詩人方思出版了陳其茂的第一本抒情木刻詩集《青春之歌》，隔天正好趕赴展覽現場出售。這本《青春之歌》，不僅是陳其茂與諸位詩人好友（方思、李莎、楊念慈）的集體創作；在圖像與文字的配合上，尤其營造出一種令人驚豔的視覺效果。《青春之歌》既是一本附有版畫插圖的詩集，亦為配有小詩文的版畫作品集。文字與版畫分別以不同的紙張印製（可見早年的設計者已相當勇於嘗試各種特殊材料的質感變化），彼此之間構成了既獨立又融合的一種編輯形式的完美對位。

有趣的是，《青春之歌》扉頁上書：裝幀—方思、木刻—陳其茂，標明著「裝幀」與「畫作」的分工情況，讓人想起日治時期的愛書人西川滿與立石鐵臣在書籍裝幀設計的合作搭檔。

提及早年這份文壇因緣，文友楊念慈回憶：當時他在台北市中山北路、南京東路交叉口的「木板屋」賃居，老地名叫做「日本公墓」。一九四九年以後，此處變成難民營兼貧民窟，連個正式的門牌都沒有，他與陳其茂兩人便是在此相識，稱之為「木板屋時代」。那時陳其茂隱居在嘉義大林鎮教書，過著與世無爭的鄉居生活。

「光啟社」首席封面畫家

《懷念集》/歸人著/1957/光啟出版社

要說在陳其茂的書籍設計生涯當中，真正讓他從文友之間的跨刀相助，進一步成為出版公司專屬封面畫家的轉捩點，不可不提一九五七年創辦於台中的「光啟出版社」。

一九四九年十月，中共正式宣佈建國，許多外籍神父紛紛被驅逐出境，輾轉來到台灣，並在台中成立耶穌會館。其中有兩位神父的漢文程度最好，他們分別是西班牙籍的高欲剛以及法國籍的雷煥章（文友們暱稱他為「雷公」）。為了延續、拓展中文世界的福音文化，兩人決定以出版社為據點，進行翻譯漢文辭典的編務工作。對於這段期間的諸般往事，雷煥章回憶：「**我在台中時，白天編大字典，晚上就騎著摩托車，到東海大學宿舍和大學生聊天，我們談中國哲學、中國思想或天主教的教義，直到夜半十二點才回家。**」

以「光啟」為名，主要是為了紀念明朝的徐光啟——他是中國第一位以文字傳播福音的貢獻者。開辦初期，光啟出版社發行的書籍多半與天主教教義相關。而文學創作，則是另一個由雷煥章新開闢出來的重點類型，重要關鍵乃在於作家張秀亞。淡薄名利的她自幼篤信天主教，二十歲左右在北京輔仁大學讀書時就已受洗成為教友。正當雷煥章亟欲在台中建構其「現代利瑪竇」的傳教事業版圖之際，恰逢張秀亞也住在台中，彼此間透過宗教情誼而建立了深厚信任。直至一九七〇年耶穌會調派他去職之前，張秀亞的所有重要文學創作幾乎都交由光啟出版社出版。

以歸人《懷念集》作為第一本嘗試替光啟出版社設計的封面，優游在湛藍湖面上的白色天鵝映襯著水中明月倒影，恒常呼應著陳其茂在木刻畫冊《天鵝湖月色》中再三流連忘返的創作母題。大約就在這段期間，由於信仰認同再加上中台灣的地緣關係，同為天主教徒的陳其茂，開始專門替張秀亞等光啟出版社旗下文學作家設計封面。

《天鵝湖月色》內頁

《天鵝湖月色》/陳其茂著/1958/光啟出版社

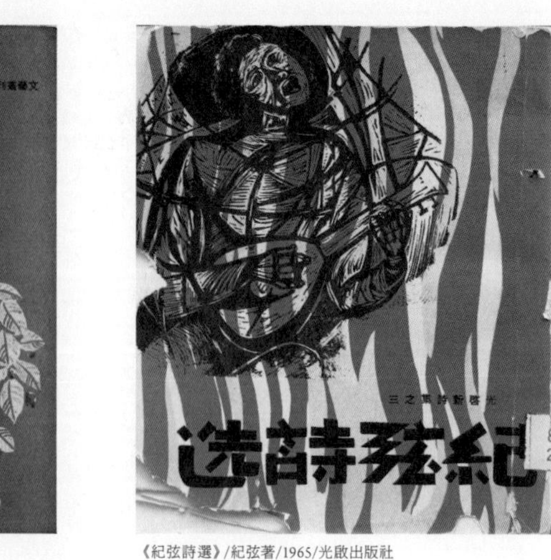

《紀弦詩選》/紀弦著/1965/光啟出版社

《藍季》/蕭白著/1967/光啟出版社

大抵來說，陳其茂在「光啟」時期的封面作品，形式較為固定，表現風格有著鮮明可辨的一致性。創作主題多取材於自然風景，咸不離書名題旨太遠，筆觸平實樸拙，用色濃烈粗獷而大膽，喜用黃、紫、藍、墨綠為主調，呈現出中國南方閩粵民間木刻版畫的鮮活特色。封面字體則以橫細縱粗為宗，背景配色種類不多，但力求簡明對比，既平實又大氣。

尤其是他早期以紫色波紋為底的《紀弦詩選》封面，透過線條的蕩漾、色彩的呼喚，充滿昂揚不安的內心悸動，彷彿從生命中迸放出來，讀者很難不被召魔似地吸引住。至於像《華爾滋的秘密》、《一串項鍊》、《高準詩抄》、《你我之外》等介於抽象與具象之間的封面造型，構圖上簡括滯重、佈局豐滿，營造出近乎油畫般飽滿的凝鍊質感，在混沌初開的蠻荒色彩中，別有一種壯闊曠遠的無限生機。

對照陳其茂的版畫創作，楊念慈曾說：「他的刀法溫柔而極富生機，細膩而不紊亂，讀他的木刻畫有聽小提琴獨奏的味道。」[6]

此後從一九五七年的《懷念集》到一九七五年的《潟湖舊事》，張秀亞陸續引薦身邊文友（蘇雪林、林海音）以及包括周增祥、喻麗清、楊喚、思果、歸人、碧竹、林文義、林煥彰等年輕作家，在光啟出版社出書。就這樣，堅強的寫作陣容，以及陳其茂善用版畫特色的質樸設計，共同創造了所謂「文學光啟」的黃金時代，出版盛況足堪與當時的文學大戶——大業書店、文壇社鼎足而立。

《日蝕》/夏楚著/1968/光啟出版社

《杭麗葉》/Rene Bazin撰、顧保鵠譯
1966/光啟出版社

《牧羊女》/張秀亞著/1960/光啟出版社

《濄湖舊事》/陳敏姬等譯/1975/光啟出版社

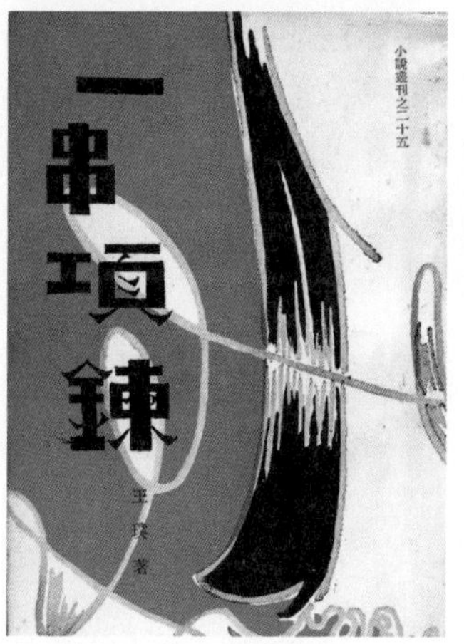

《一串項鍊》/王璞著/1968/光啟出版社

《華爾滋的秘密》/梅苑著/1967/光啟出版社

《你我之外》/碧竹著/1973/光啟出版社

《高準詩抄》/高準著/1970/光啟出版社

文學家之筆　畫家之眼

《玻璃人》/胡品清著/1978/學人文化事業公司

一九六四年，陳其茂轉至台中衛道中學和東海大學擔任美術教席，妻子丁貞婉調到省立台中女中教英文。得地利之便，遂在市區小巷內購置土地，並親自設計了一幢小住宅。該住處屋後有一大片竹林，常有白鷺鷥棲息，鄰近僅有十幾戶相連式的平房，新居寬敞、鬧中取靜。根據文壇友人描述：「陳其茂的家……從客廳、臥室、餐廳、廚房到客房，每間地面高度都不一樣，每個地方都充分利用，整個房子就像是一件精緻的藝術品……他們家不但有許多畫，更有齊備的畫冊和文學藝術的書，許多詩人、藝術家路過台中，都不忘登門拜訪。」[7]

於是乎，當年曾有台中「文化中心」雅稱的陳其茂家裡，漸成了南來北往的文友們（詹悟、楊念慈、童世璋、郭嗣汾、羅盤）休憩落腳的聚會場所，也是台北女作家（梁丹丰、田曼詩）每到台中必訪之地。

逐漸地，台中地區成了騷人墨客們群聚的文藝據點。早在一九五〇年代，有現代畫導師之稱的李仲生，就從台北避居到中部彰化來。此外，當時五月畫會的大將莊喆和馬浩，也住台中北溝。一九八〇年代，現代版畫老

《卡卜里島的太陽》/陳其茂著/1980/學人文化事業公司

將陳庭詩從台北搬到台中太平定居，並且和鐘俊雄、黃潤色、梁奕焚成立了「現代眼畫會」。甚至到了一九九〇年代，旅外歸國的「五月畫會」主將劉國松和美術史家謝里法（及夫人吳伊凡）也相繼選擇在台中市定居。彼時台中文風之盛，不僅文人作家彼此相濡以沫，就連繪畫界也呈現出「藝脈相傳」的景象，可說是「臥虎藏龍」。

此外，陳其茂在從事版畫創作之餘，也頗勤於筆耕，發表過不少描寫生活點滴與閒情雅趣的小品文。其文字作品散見《自由日報》、《聯合報》、《中央日報》、《新生報》、《晨鐘》、《散文季刊》、《台灣副刊》等報章園地。晚年陳其茂經常出國遊覽、四處看畫訪友，足跡遍佈歐洲、中國大陸、中東乃至非洲大陸等地，先後發表了《卡卜里島的太陽》、《波瓦地葉過客》等遊記散文，記錄著他與妻子兩人攜手遊歷世界的所見所聞。

從一九五〇以至一九六〇年代，陳其茂始終孜孜不倦地致力於木刻藝術的創作與介紹，先後出版了三冊木刻畫集——其中包括引介英國木刻插畫的《死亡之舟》與《黑女尋神記》，以及簡述西洋木刻名家作品的《人類的命運》。然而，市場銷售的結果，根據作者本人描述：由於「喜愛這類書的人並不多」，以致「沒能繼續推廣而作罷」。儘管如此，推廣木刻藝術出版品而受挫的他，仍不斷從事版畫製作，只是換個方式，改以舉辦個展方式來繼續。而封面設計，則是直接成了他宣傳版畫作品的另一種活廣告。

一九七〇年代之後，陳其茂逐漸轉向套色大幅版畫發展，除木刻外，也有紙版、銅版和鋁版畫的創作。在技巧上，不再以刀刻為唯一憑藉，而嘗試剪、拓和其他手法，來增強平面設計的視覺效果。版畫和裝幀設計，雖同為印刷和藝術的結合產物，但不同的是，繼科技和工業化影響之後，現代版畫的產製技術大為提升，因此產生了新品種的創作型態。然而，版畫製作本身，卻始終離不開屬於手工特質的一種永恆魅力。

《人類的命運》/1961/光啟出版社

《春滿蘇利霧》/張蘊智著/1972/光啟出版社

《挖》/何曉鐘著/1970/光啟出版社

《媽媽的假期》/郭晉秀著/1970/光啟出版社

《藝文與人生》/魏子雲著/1979/學人文化事業公司

早年由於藝術家與設計家之間尚未有明確的專業分工，設計者秉持著畫家的創作思維，反倒容易激盪出特色鮮明、耐人尋味的經典封面。但對於任何一位精益求進的封面設計者來說，不光是要讓作品本身吸引編輯、作者與讀者的注意目光，它同時也是在跟現存的環境限制作對抗。與往昔相較，現在的電腦製版與印刷技術雖不可同日而語，但力求「脫穎而出」的求變之心卻是無異的。即便過度的商業習氣帶來了些許阻力，但真正優異的封面設計，仍永遠經得起時間淬鍊。

1 《藝苑朝華》，魯迅與柔石編輯的美術叢刊，由「朝花社」出版，共出外國美術作品五輯，即《近代木刻選集》一、二集，《拾谷虹兒畫選》、《比亞茲萊畫選》和《新俄畫選》。

2 羅蘭，一九八〇・九・七，〈文學家之筆畫家之眼〉，《聯合報》。

3 簡稱「廈門美專」，一九二三年由黃燧弼、楊賡堂、林學大等人創立，與上海美專、杭州藝專同為二十世紀初中國最早實現西式教育的現代美術學校。廈門美專與台灣兩地之間可謂緊臨相依、淵源既深，當年曾招攬不少有心學畫的台籍子弟慕名前往。除此之外，台籍藝術家赴廈門美專擔任教職的不在少數，包括大稻埕的書法家曹秋圃應聘擔任書法教授，以及任教於油畫科教授西畫及日文的張萬傳。戰後由廈門美專來台的人士則有王逸雲、陳其茂、吳廷標等人，他們多半進入學校從事教育工作。

4 木口木版畫為歐洲傳統木版畫技法，曾被普遍用來製印插圖及複製名畫，方法是在硬質木材的橫切面上，刻出縱橫交錯的凹線與細點，再將草稿複寫於塗上淡彩的版面上，用刀子細雕，產生特殊陰影效果。

5 陳其茂，一九六〇，〈『春』的喜訊〉，《文藝生活》，中國文藝協會。

6・7 思兼，一九七九・三・二，〈坐擁書城的畫家陳其茂〉，《聯合報》。

陳其茂

年譜

1926　出生於福建省永春縣。

1944　自廈門美術專科學校畢業。

1945　來台任教於基隆女中。

1947　應聘為花蓮師範學校教師。

1949　任教於嘉義大林中學。

1952　木刻版畫作品「春」獲頒「自由中國美展」金牌獎。

1953　出版抒情木刻集《青春之歌》，同年「陳其茂・方向木刻展」於台北市鄒容堂舉行，由中華青年寫作協會主辦。

1956　創作山地木刻集《原野之春》，由楊念慈配山歌式小詩。

1958　出版風土木刻集《天鵝湖月色》。

1960　與法籍神父雷文炳、妻子丁貞婉編著《人類的命運》版畫集。

1964　遷居台中，並在衛道中學和東海大學擔任美術教席。

1970　與方向、朱嘯秋、周瑛、李錫奇、李國初、韓明哲等人在台北組織「中華民國版畫學會」，共同推動版畫藝術。

1972　王榮武、陳其茂、謝文昌、黃朝湖發起「藝術家俱樂部」，在台中成立。

1973　獲頒中國畫學會版畫金獎。

1975	首次進行個人歐洲旅行。
1976	出版陳其茂畫集（第一冊）（光啟出版社）。
1978	獲頒中華民國版畫學會第二屆金璽獎。
1979	出版陳其茂畫集（第二冊）（學人文化事業公司）。
1980	第二次歐洲旅行歸來，出版遊記《卡卜里島的太陽》。
1982	出版散文集《失去的畫眉》（時報出版社）。
1986	與席慕容、楚戈作三人巡迴聯展，於各縣市文化中心展出。
1989	出版陳其茂畫集（第三冊）（現代出版社）。
1990	行腳於中國大陸名山大川，創作「還鄉記」系列作品。
1991	獲頒哥斯大黎加國家美術館傑出藝術家獎，該年並將早期木口版畫七十餘幅捐贈台中國立台灣美術館（國美館）典藏。
1992	陳其茂作品巡迴展（瓜地馬拉、宏都拉斯、薩爾瓦多、馬尼拉）。
1997	遊歷十八個中東國家，完成「阿拉伯」系列作品。
2000	前往非洲旅行，自此對黑暗大陸有著更深一層的感受與悸動。
2005	病逝於台中中山醫院，享年八十歲。
2007	國美館特精選陳其茂生平各階段代表作約八十幅，舉辦紀念展。

白鷺之
鍊
王璞著
小說叢刊之廿六
夏楚著
省政文藝叢書之廿五
中央山脈之旅
——橫貫公路複勘散記——
黃肇中
夜闌人靜時
小說叢刊之廿三
朱煥文著
文藝叢書之二十六
松風集
陳曉薔著
蕭傳文著
小橋流水人
文壇社出版
省政文藝叢書之四十一
開路之歌
宣建人著
漁夫的後塵
隱芳譯
小說叢刊之廿四
梅苑著
你我之外
碧竹著

霧
張蘊智 著
古榕
碧竹 著
小說叢刊之三十六
稻香村
宣建人 著
光啓出版社發行
榕鎮
春醒
尤增輝 著
母親的夢
詹悟 著
水牛書庫
水牛出版社印行242
黑社會的叛徒
社會寫實小說
鄭鐸恩 著
現代詩淺說
陳千武 著
文藝叢書之十八
青青山色
繁露 著
藍
文藝叢刊之二十四
吳敏顯
小說叢刊之二十
杭

後記

李志銘

起先純因個人興趣之故，我差不多從五年前開始大量蒐集過去台灣早年絕版書刊封面圖像，並陸續將之分門別類羅列彙整，歷經數年累積略有小成，其間特別有賴於台北龍泉街古書店「舊香居」及諸位書友們不吝提供各種圖書資源鼎力相助，方纔讓我逐漸撥開歷史迷霧的遮掩，得以看見早年台灣書籍裝幀設計的一方天地，竟是如此百花齊放豐饒繽紛。

寫書，其實就跟買書、蒐書一樣，單憑個人綿薄之力只怕成就不了完局。無疑地，這部集結了許多台灣前輩藝術家設計成果與創作熱情的《裝幀時代》，之所以能夠在今天順利成書問世，自當歸功於身旁眾人在這幾年來的鞭策與支持。

首先，我必須要感謝當初因為拙作《半世紀舊書回味》一書結緣、並且積極鼓勵我踏入寫作出版生涯中的第一個伯樂：群學出版社的劉鈐佑總編輯，過去那些夜晚和您在群學辦公室及衡陽路咖啡館的往來論談，始終讓我受教許多。

關於舊書絕版圖文資料的蒐羅，倘若沒有舊香居最美麗的女主人吳雅慧與她店內最佳管家（秘書）店員pk2吳浩宇平日細心留意（而這一切也都還少不了前代店主吳輝康老爹和吳梓傑的蒐書後勤支援），我想這部《裝幀時代》的豐富程度肯定也會遜色不少。另外，經常在明目書社以及舊香居現身串門子擺龍門陣的「花神文坊」出版CEO暨前輩作家辜振豐，亦給予了我頗多寶貴意見與協助，敝人對此深深銘感五內。

特別感謝《中國時報》「人間副刊」主編楊澤、資深書人暨藏書票收藏家吳興文、現代文學傳記作家蔡登山，文學評論家符立中（符大少），以及《自由時報》副刊主編孫梓評等文化界先進，給予機會發表相關文章的諸多協力支持。

除此之外，在尋訪諸位前輩設計家的撰述過程中，平時與一干子老作家最麻吉的「卡麥拉桑」攝影師陳文發和熟稔藝壇生態的雜誌設計界職人梁小良，尤其居功厥偉；正是因為有你們的牽線，我才能有幸親眼目睹廖未林、梁雲坡、龍思良他們幾十年設計生涯最後的燦爛黃昏。如今回頭看來，寫作資歷尚淺的我，能夠替這些前輩大師整理封面設計作品、寫書立傳，似乎真是一種今生早已註定的奇妙緣分。

感謝攝影家莊靈先生願意在百忙之中撥冗接受訪談，並且不吝出借《劇場》雜誌以及黃華成相關設計資料。

在這裡，我也要由衷感謝幾位愛書人長期以來的殷切期盼、甚至願意提供私人秘藏珍本書共襄盛舉，其中特別是北投文史達人楊燁、專蒐一九五〇年代文學絕版書的美少女藏書家 Ayano 顧惠文、熱愛古文詩詞更甚於現代典章的「政大古人」陳冠華、研究近代書話散文與舊書拍賣現象的學術新秀 Kula 陳學祈、獨立經營線上書店「下北澤世代」的雜誌書迷羅喬偉、《文訊》雜誌編輯邱怡瑄，以及業餘台灣文學版本愛好者 Whisley 林彥廷等人，這本書的許多角落無不遺留著你們共同參與的點滴足跡。

「萬事具備，只欠東風」，一本書最後能夠編輯印刷、完成裝訂上市，終需有賴實際經手操刀的「行人文化實驗室」總編輯周易正，專案編輯葉雲平，美編楊宗烈、陳天授等專業團隊，列位諸君對於書籍編務的辛苦用心，著實銘刻在這一冊冊紙上墨痕之間，昭然可鑑。

裝幀時代：台灣絕版書衣風景
作者：李志銘
ISBN：978-986-86581-0-3
2010年10月　初版一刷
定價：380元

總編輯：周易正
特約編輯：葉雲平
美術設計：楊宗烈、陳天授
行銷企劃：李玉華、賴奕璇、劉凱瑛
印刷：崎威彩藝

出版者：行人文化實驗室
發行人：廖美立
地址：10049 台北市北平東路20號10樓
電話：886-2-23958665　傳真：886-2-23958579
郵政劃撥：19552780
http:// flaneur.tw

本書製作過程特別感謝舊香居、陳文發先生、莊靈先生提供書影。也感謝遠流王榮文先生、皇冠平雲先生、遠景葉麗晴女士，以及王行恭先生等人的意見與協助。

總經銷：大和書報圖書股份有限公司
電話：886-2-89902588

國家圖書館出版品預行編目資料

裝幀時代：台灣絕版書衣風景／李志銘 作
一初版. 一台北市：行人，2010.10
224面；16.8 x 23 公分

ISBN 978-986-86581-0-3

1. 印刷　2. 設計　3.圖書裝訂

477　　99017418